U0937275

不要惧怕苦
吃苦是福
苦尽甘自来

苦虽然折磨人，
但吃苦也是一种锻炼人的方式。
人只有尝过了苦的滋味，
才能品味出人生的甘甜。

懂得包容
人生的路才会
越走越宽

包容是对别人的释怀，
也是对自己的善待。
如果你学会了包容，
那么你的生命就会多一点儿空间，
你的生活也会充满阳光。

心怀自信
成就辉煌人生

当一个人不相信自己的能力时，
他做任何事都不会成功。
世上没有什么真正的困难
可以阻挡一个勇敢者、
坚毅者前进的步伐。

懂得了微笑
也就懂得了生活

人生不可能一帆风顺，
总是要经历风雨，
如果人生太过顺利了，
人的斗志往往会被消磨掉。
所以，不管你的人生是苦还是甜，
都请用微笑来面对吧！

在困境中
要记得再给自己
一次机会

在困境中，再给自己一次机会，
实际上就是在面对困难时
保持一种积极的心态，
让自己能够从困境中看到
新的希望。

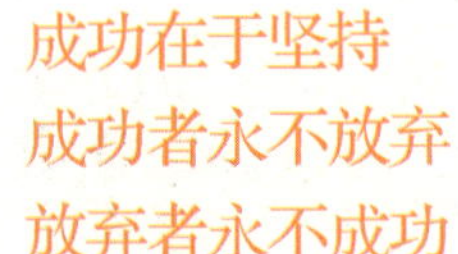

成功在于坚持
成功者永不放弃
放弃者永不成功

成功与失败往往只有一步之遥，
如果想取得成功，
就一定要坚持到底，
熬过最难熬的时刻。
只要挺过去了，
那么你最终将抵达成功的彼岸。

常知足
看淡功名利禄

做人应知足常乐，
坦然面对现实，
从容应对艰难，
淡定承受困苦。
少一分失落，
少一分困扰；
多一分满足，
多一分快乐！

快不快乐
完全取决于你自己

活得精彩也许不容易，

但是要活得快乐相对容易多了。

面对竞争激烈的现实社会，

我们应该时刻保持乐观的心境。

年轻是金

经验是金

成长是金

再苦也要笑一笑

龙春华 | 著

天地出版社

图书在版编目（CIP）数据

再苦也要笑一笑：畅销精读本 / 龙春华著. — 成都：天地出版社，2016.8 (2017年重印)
ISBN 978-7-5455-2043-9

I. ①再… II. ①龙… Ⅲ. ①人生哲学—通俗读物
Ⅳ. ①B821-49

中国版本图书馆CIP数据核字（2016）第099564号

再苦也要笑一笑（畅销精读本）

著　　者　龙春华
责任编辑　张秋红
图片来源　CFP
封面设计　思想工社
电脑制作　思想工社
责任印制　葛红梅

出版发行　天地出版社
（成都市槐树街2号　邮政编码：610014）
网　　址　http://www.tiandiph.com
http://www.天地出版社.com
电子邮箱　tiandicbs@vip.163.com
经　　销　新华文轩出版传媒股份有限公司

印　　刷　三河市华业印务有限公司
版　　次　2016年8月第1版
印　　次　2017年 5月第3次印刷
成品尺寸　145mm×210mm　1/32
印　　张　7.25
字　　数　156千字
定　　价　28.00元
书　　号　ISBN 978-7-5455-2043-9

咨询电话：（028）87734639（总编室）
购书热线：（010）67692522（市场部）

人生虽苦，也要笑靥如花

大家都知道，人生不可能一帆风顺，不如意的事，十之八九。因此，烦恼与痛苦也伴随着这些不如意的事而来。我们常常为恋人的离去痛彻心扉，常常为朋友的背叛在黑夜中买醉，常常为工作不如意感到忧心不已，常常为家庭中出现的矛盾彻夜难眠，偶尔还为自己出身卑微感到抬不起头，有时还为自己的身高不够感到自卑……这一切的一切，都让我们不由自主地感叹：人生真苦啊！

是的，人生就像一场无法预知的旅行，我们在前行的过程中，总会遇到各种各样的困难、挫折。毫无疑问，人生确实苦。可是，我们从呱呱坠地的那一刻起，就注定了要面对人生中的各种困难。那么，如何面对呢？那就是，人生虽苦，也要笑靥如花。用微笑来面对人生，用微笑面对人生中的各种苦难。因为再重的担子，笑着是挑，哭着也是挑；再不顺的生活，笑是一天，哭也是一天，撑过去了就是胜利。

微笑是上帝赋予人类的特权，每天给自己一个微笑，给他人一个微笑，如此一来，你每天都能笑靥如花；微笑是人与人之间沟通的法宝，真诚的微笑能够缩短人与人之间的距离，会使他人解除心灵上的戒备，从而使自己结交更多的朋友，也给自己带来更多的欢乐；微笑是一种气质，即使你衣着寒酸，但是如果你始终保持微笑，既不对大人物谄媚，也不对小人物傲慢，那么你的微笑一定充满魅力，一定能让他人感受到你的快乐……每天让自己笑靥如花，那么再多的困难也会被你踩在脚下。

面对人生的痛苦与挫折，最重要的是摆正自己的心态，积极地面对一切。再苦再累，也要让自己微笑。笑一笑，你的人生会更美好。如果没有苦难，我们就无法体会到苦尽甘来的喜悦；如果没有挫折，我们就无法体会到收获成功时的自豪；如果没有一段沧桑的经历，我们就不会知道生活中的酸甜苦辣。因此，不要把人生幻想得那么圆满，要知道，生活的四季不可能只有春天。我们每个人都要经历一些坎坷，都要品尝苦涩和无奈，这样，我们才能成长。

本书讲述了许多经典哲理故事，其内容涉及人生的方方面面，这些故事有的睿智凝练，让我们的心灵为之震撼；有的灵气十足，宛如一股永不枯竭的清泉，悄然渗入我们的心田……每个故事都在向我们讲述一份美好的情感、一种人生的意义，让我们在品味中得到智慧与快乐。用微笑面对人生的苦难，再苦也要笑一笑，你最终将驶向幸福的彼岸。

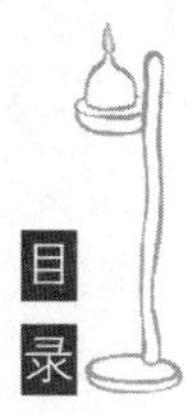

目录

第四章

向前看，阳光依旧灿烂

第五章

有信念，长风破浪向前

第六章

能承受，千磨万击还坚劲

第七章

常知足，功名利禄看淡

第八章

常欢笑，十年青春年少

第九章

苦中苦，苦尽甘自来

第十章

多快乐，笑看成败得失

人生虽苦，也要笑靥如花，

用微笑来面对人生中的各种苦难。

因为再重的担子，

笑着是挑，哭着也是挑；

再不顺的生活，

笑是一天，哭也是一天，

撑过去了就是胜利。

第一章　人生四味，苦辣酸甜

人生犹如一个百味瓶，里面掺满了苦辣酸甜。苦，让我们品尝了人生的滋味；辣，让我们明了世间的艰辛；酸，让我们领悟了人生的真谛；甜，让我们心怀梦想，品味到收获的喜悦。

苦：生命的滋味，犹如一杯苦咖啡

生命的滋味，就像一杯苦咖啡，只有细细品味过它的苦涩之后，才能理解它隐藏的内涵。当生活还在继续，生命还在燃烧，我们就注定了要将这杯咖啡饮尽，慢慢地去发现它的香醇，时时准备着品味生命中的苦，并在苦中寻找甜的源泉。

世界上寿命最长的鸟类应该是老鹰。据说，老鹰可以活到70岁。但老鹰要想活那么长，就必须在40岁时作出艰难而重要的决定。

当老鹰活到40岁时，它的爪子已经开始老化，无法准确地抓住猎物；它的喙变得又长又弯，几乎能碰到胸膛；它的翅膀变得十分沉重，因为它的羽毛此时已经长得又密又厚，使得它飞翔起来十分吃力。

40岁的老鹰面临着两种选择：等死或是经过一个十分痛苦的“更新”过程。然而这个“更新”过程是十分痛苦的，老鹰要经过

150天漫长的煎熬，飞到山顶，在悬崖上筑巢，并停留在那里，不得飞翔。

老鹰要用它的喙击打岩石，直到它的喙完全脱落，再静静地等候新的喙长出来，然后用新长出的喙把趾甲一根一根地拔出来。当新的趾甲长出来后，它还要把羽毛一根一根地拔掉。5个月以后，等新的羽毛长出来了，它才能开始飞翔，重新得到30年的寿命！

其实，世间万物都是如此，都需要我们有一定的付出，没有付出，我们就不会有收获，更不会赢得回报。当然，付出也必定与“苦”字相连，也许正因为这样才显出“得到”的可贵吧！

她是一个很不幸的女人。大学毕业后，她就漂泊在伦敦的街头，只能靠打零工来勉强糊口。后来，她去曼彻斯特寻找她大学时的男友，可惜没有找到，她只好乘车返回伦敦。

在火车上，她一直闷闷不乐。她知道，其实是男友抛弃了她。她一直呆呆地望着窗外一成不变的英格兰乡村。她是一个爱幻想的女人，就是车窗外那些黑白花奶牛，也能使她幻想出有一列火车载着一个男孩去巫师寄宿学校的情景：一个小男孩得到魔法学校的邀请，后来他才知道自己是个巫师……为此，她浮想联翩，兴奋异常。

很可惜，那个六月的晚上，她并没有带纸和笔。于是，她只好闭上眼睛，把浮现在脑海中的每个想法和细节都仔细回忆了一遍。回到家里，她就迫不及待地把在火车上想到的故事写了下来。很快，她的稿子就有厚厚的一沓了。这时，她大胆地决定，要把这些东西写成书，要写成一部很有阅读价值的书！虽然她还是个未出版过任何作品的“作家”。

后来，她与葡萄牙的一位记者结了婚。但是很不幸，没过多久，她的丈夫就抛弃了她，她只好带着出生仅4个月的女儿去了爱丁堡找她妹妹。在妹妹的帮助下，她勉强靠政府的租房补贴租赁了一间公寓居住。她的第一部作品的手稿就是在这里的厨房桌子上完成的。妹妹看了她的作品，对她的作品大为赞赏，这给了她很大的鼓舞。更令她欣慰的是，她妹夫的公司在市中心购买了一家叫尼科尔森的咖啡馆，她每天可以推着女儿杰西卡前往咖啡馆找一个安静的角落，在女儿熟睡的时候，她就可以专心地写作。

几经周折，她的第一部作品终于在1997年6月26日出版了。这部作品一问世，立即引起了全世界的关注。这部小说就是《哈利·波特与魔法石》，这个女人就是科幻小说家J. K. 罗琳。接着，她先后于1998年、1999年、2000年和2003年陆续推出了这个系列小说的后4部……随着系列小说的不断发行，一股“哈利·波特”的热潮在全世界迅速生成。如今，她的作品已被译成60多种语言，在全球200多个国家和地区销售了两亿多册。

她还被英国女王伊丽莎白授予帝国勋章，进入美国《财富》杂志评选的世界百名首富排行榜。

小说家J. K. 罗琳在遭遇了生命中的种种坎坷，品尝了一切苦滋味后，迎来了硕果累累的秋天。相反，如果没有尝过苦的滋味，她就很难取得成功。

过去上帝还住在地球上的时候，有一天，一个农夫找到上帝，对上帝说："我的神啊，你的力量是无穷的，你创造了这个世界，但是你毕竟不是农夫，我得教你点儿东西。"

上帝借着胡子的遮掩，偷偷地笑着，过了一会儿，才对农夫说："那你就告诉我吧。"

农夫很自豪地对上帝说："给我一年时间，在这一年里，按照我所说的去做。我会让你看见，世界上再不会有贫穷和饥饿。"

在这一年里，上帝满足了农夫提出的所有要求——没有狂风暴雨，没有电闪雷鸣，也没有任何对庄稼有危险的自然灾害发生。当农夫觉得该出太阳时，就会阳光普照；要是觉得该下点儿雨时，就会有雨滴落下，而且想让雨停，雨就停。在如此优越的环境下，小麦的长势特别喜人。

一年的时间到了，农夫看到麦子长得特好，又来到了上帝那里，很兴奋地对上帝说："你瞧，如果再这样过10年，就会有足够的粮食来养活所有的人。人们就算不干活也不会饿死了。"上帝听了，笑而不答。

然而，等收割麦子的时候，人们却意外地发现麦穗里什么都没有，空空如也。农夫惊讶极了，又来到上帝那里，质问道："上帝，这究竟是怎么回事？这些长得这么好的麦子，为什么一粒种子也没有？"

上帝回答："那是因为小麦都过得太舒服了，所以才结不出麦粒。这一年里，它们没经过风吹雨打，也没受到过烈日的灼烤。你帮它们避免了一切可能'伤害'它们的东西。没错，它们是长得又高又好，但是你也看见了，麦穗里什么也结不出来。所以，它们还是时不时地需要些挫折的，我的孩子。”

小麦在农夫的保护下，没有经历风吹雨打，也没有受到过烈日的暴晒，虽然长得又高又好，却没有结出麦粒。小麦之所以不能结出麦粒，就是因为它们没有尝过苦的滋味。同样的道理，人的成长也必须经历一番痛苦的挣扎，直到有足够的能力之后，我们才可以振翅高飞。

没有饱经挫折的小麦，脆弱不堪，结不出任何麦粒。如果人生不经历一些挫折，也会变得不堪一击。正因为有挫折，所以成功才显得那么美丽动人，才那么令人神往。正因为有挫折的存在，才激发出了我们的人生力量，我们的意志才变得更加坚定。

有一次，里根与朋友聊天时，说：“有人说我是世界上最有权势的人，可我不同意这种说法。”

朋友十分惊讶地问：“为什么？”

里根严肃地说：“每天早上，白宫一位官员把一张纸放在我的办公桌上，告诉我每一刻钟要做的事。我认为，他才是全世界最有权势的人。”

辣：每一种创伤，都是一种成熟

人生四味，是任何在世上生存的人都要品尝的。辣乃其中一味，尽管火辣辣的辣椒让人食之难咽，但若人的生命中缺少了这“辣”味，就会成为一个不完整的人生。

19世纪美国盲聋哑女作家、教育家、慈善家、社会活动家海伦·凯勒，同样也品尝了人生中最难咽的“辣”味。

海伦·凯勒刚出生时是个听力、视力与语言能力都很正常的孩子。可是，一场疾病后，她却变成既盲又聋的小哑巴——那时她才19个月大。

生理上出现了缺陷，这令小海伦·凯勒性情大变。稍不顺心，她就会乱敲乱打，野蛮地用双手抓食物塞入口中。人们若要试图去纠正她，她就会在地上打滚，乱嚷乱叫，那时的她简直是个“小暴君”。父母管不好她，最后只好将她送至波士顿的一所盲人学校，特别聘请一位老师照顾她。

不幸中的万幸，小海伦·凯勒在黑暗中遇到了一位伟大的光明使者——安妮·沙莉文女士。沙莉文也是位有着不幸经历的女子，她10岁时和弟弟一起被送进孤儿院，在孤儿院的悲惨生活中长大。由于房间紧缺，幼小的姐弟俩只好住进放置尸体的太平间。在卫生条件极差的环境中，幼小的弟弟6个月后就夭折了。她也在14岁时，得了眼疾，几乎失明。后来，她被送到帕金斯盲人学校学习了凸字和指语法。再后来，海伦·凯勒遇到了她，她成为海伦·凯勒的家庭教师。

从那以后，沙莉文女士与这个蒙受三重痛苦的姑娘的“斗争”就开始了。她一边教她洗脸、梳头、用刀叉吃饭，一边和她“格斗”。固执的海伦·凯勒则以哭喊、怪叫等方式全力反抗着严格的教育。但一个月后，沙莉文女士就能够和生活在完全黑暗、绝对沉默世界里的海伦·凯勒沟通了。那么，她到底是怎么做到的呢?

答案是这样的：自我成功与重塑命运的方法是相同的——信心与希望。

关于这件事，在海伦·凯勒所著的《我的一生》一书中，有感人肺腑的深刻描写：一位年轻的复明者，虽然没有多少“教学经验”，却将无比的爱心与惊人的信心，一起注入一位全聋全哑全盲的小女孩身上——先通过潜意识的沟通，靠着身体的接触，为她们的心灵搭起一座桥。接着，自信与希望在小海伦·凯勒的心里产生，把她从孤独绝望的地狱中解救出来。

师生俩手携手，心连心，用信心与希望作为“药方”，经过一段痛苦的挣扎，莎莉文终于唤醒了海伦·凯勒那沉睡的意识力量。

一个既聋又哑且盲的少女，开始领悟到了语言的魅力。于是失明的海伦·凯勒，开始凭着触觉——指尖——去代替眼和耳，从此学会了与外界沟通。在海伦·凯勒10岁时，她的名字就已传遍全美，成为了残疾人的模范。通过自我奋发，海伦·凯勒将潜意识的能量无限地发挥，最后走向了光明。

海伦·凯勒克服了常人“无法克服”的困难的事迹在全世界引起了震惊和赞赏。

海伦·凯勒的经历让我们知道，人生中哪怕有再多的辣，只要你有战胜它的勇气，敢于和它对抗，最终这辣也会变为甘甜。

与海伦·凯勒相比，玛丽·布朗太太的遭遇则是失亲之痛，这一口“辣”让她还来不及下咽，下一口“辣”已经接踵而至了，持续的连环“辣”打击着她，她能吃得消吗？

“二战”结束后，玛丽·布朗太太坐在渥太华的家中，渥太华是加拿大人。在这里，她静听一室的寂静与空虚。

几年前，玛丽·布朗的丈夫死于车祸。接着，与她同住的母亲也因病去世。在母亲去世后，悲剧又发生了。根据布朗太太的描述，其悲剧的发生经过是这样的：

“当许多钟声和汽笛声都在宣告和平再度降临的时候，我唯一的儿子达诺，却在此时牺牲了。我已失去了丈夫和母亲，如今儿子一死，我是彻彻底底变成了孤家寡人。”

玛丽·布朗太太接着说：“孩子的葬礼结束之后，我独自走进空荡荡的屋子里。我永远也不会忘记那种空虚、无助的感觉。世界上再也没有一处地方比那儿更寂寞了。当时，我整个人几乎都被哀伤和恐惧所充满，害怕今后将独自一人生活，害怕整个生活方式将完全改变。而最可怕的，莫过于我将与哀伤共度余生——这才是最让我感到恐惧的。”

接下来的几个星期，布朗太太完全生活在一种茫然的哀伤、恐惧和无助的困境中。她迷惑而又痛苦，她不能接受眼前发生的一切。

她继续描述道：“后来，我渐渐地明白，时间是会帮助我治疗伤痛的。只是我感到时间过得实在太慢了，因此，我必须做些事来忘记这些遭遇。于是，我决定再度回去工作。

“随着时间一天天过去，我也逐渐对生活再度产生了兴趣。一天清晨，我从睡梦中醒来，忽然发现所有不幸均已成为过去，我知道今后的日子一定会变得更好。而回顾以往，让我觉得‘用头撞墙’的举止是多么愚蠢可笑！那是不能面对现实的表现啊！对于那些我无法改变的事实，时间已教会我如何面对了。

“虽然整个改变进行得十分缓慢，不是几天或几个星期，而是逐渐来临。但是，它确实已经发生了，改变了我的生活，帮我走出了困境。

“现在，我回过头去观看那段生活，我看到的是一条小船在经历一场巨大的风浪后，又重新驶回了风平浪静的海面上。”

生活中许多类似布朗太太这样的悲剧，往往很难让我们理解为什么它们偏偏会发生在自己的身上。此时，我们要做的就是先面对它们，再接受它们，就像布朗太太那样强迫自己接受失去家人的事实，并预备好让时间来治疗心灵的痛楚。这也是对付“连环辣阵”的最好方法。

从前，有一位信徒，他破产了，连房子也被银行收了去，而且妻子还闹着要跟他离婚，孩子们也都离家出走了。这个信徒非常失望，甚至想到了自杀！最后，他找到了一位牧师。

他对牧师说：“我马上就要死了。”

牧师问：“为什么呢？”

他对牧师说：“我什么希望都没有了，我所有的一切都失去了，我现在只剩下死亡了。”

牧师看看他，说：“啊，原来如此，但是在我看来，你有很大的希望啊，你的希望是最大的！”

信徒听后，更加失望了，他说：“你怎么能这样笑话我呢？像我这样的人，都已经一无所有了，还有什么希望啊？”

牧师回答道：“你不是说现在你已经下滑到最低谷，不能再下滑了吗？那你再也不会比现在更糟了！因为你已经糟到不能再糟的地步了。既然你已经到了失望的最底层，往下滑的路已经到了尽头，那么剩下的路你只会往上走，所以在你的身上有多么大的希望啊！”

信徒想想，觉得牧师说得很有道理：是啊，我已经悲惨到这个地步了，还有什么可忧虑的呢？于是他打消了自杀的念头，重新振作起来。

信徒的遭遇让我们明白，每个人在其人生旅途中都会遭遇到

“辣”，但是挺一挺，就能品尝出这辣味里还透着甜。正像春名先生的人生警句一样：“幸运女神总是从你的身后慢慢地向你走来，因此，自己也和着幸运女神的脚步慢慢地向前奔去。其间，幸运女神追上了自己并和自己并肩前行。然后，她会抓起你的身体放在背上一口气向前飞奔。”

的确，每一段“辣”的经历都只是人生的一部分而已，终究会过去的。

1888年，美国第23届总统竞选的那天，候选人本杰明·哈里森很平静地等待着最终的结果。但他似乎对此并不感兴趣，晚上在竞选结果宣布时他早已睡觉了。

第二天一早，他的一个朋友打来电话，问道：“你昨晚怎么睡那么早呢？结果还没出来，你怎么就睡觉了？”

哈里森解释说：“熬夜并不能改变结果。如果我当选，我知道我前面的路会很难走。所以不管怎么说，休息好不失为明智的选择。”

酸：总在成功与失败之间

在人生的旅途中，我们总会遇到一些挫折，品尝到人生的“酸”滋味。要知道，只要我们不消极，不坠入恶劣情绪的苦海，我们就不会对人生产生偏见，就不会因一时冲动破坏大局，也不会抑郁消沉。

史泰龙的父亲是一个赌徒，母亲是一个酒鬼。父亲赌输了，又打老婆又打他；母亲喝醉了也拿他出气发泄。史泰龙在拳脚交加的家庭暴力中长大，常常被打得鼻青脸肿，皮开肉绽。在这样的环境下成长，他的学业一无所成，不久他就离开了学校，成了街头混混。

直到他20岁的时候，一件偶然发生的事刺激了他，并使他醒悟反思：“不能再这样做了。如果再这样下去，和自己的父亲岂不是一样吗？成为社会上的垃圾、人类的渣滓，带给众人、留给自己的都是痛苦。不行，我一定要成功！”

从那以后，史泰龙下定决心，要走一条与父母迥然不同的路，活出个人样来。但是做什么呢？他长时间思索着。找份白领工作，几乎是不可能的；经商，又没有本钱。他想到了当演员，因为当演员不需要过去的清名，不需要文凭，更不需要本钱，而一旦成功，便可以名利双收。但是他显然不具备当演员的条件，长相就很难赢得观众的喜爱，再加上他又没有接受过任何专业训练，没有经验，也无“天赋”的迹象。然而，“一定要成功”这个信念却促使他认为，这是他今生今世唯一出头的机会。在没有取得成功之前，决不放弃！

于是，他来到好莱坞，找明星，找导演，找制片公司负责人，找一切可能使他成为演员的人，四处哀求：“给我一次机会吧，我要当演员，我一定能成功！”很显然，他一次又一次地被拒绝了。但他并不气馁，他知道，失败定有原因，每次被拒绝之后，他都把这当作是一次激励。

不幸的是，两年时间一晃就过去了，钱花光了，他只好在好莱坞打工，做些粗重零活。他一边打工，一边去找演员的工作，两年来，被拒绝了1000多次。

每次被拒绝，他都暗自垂泪，痛哭失声：难道真的没有希望了吗？难道赌徒、酒鬼的儿子就只能做赌徒、酒鬼吗？当然不是，我一定要坚持下去，我一定要成功！

后来，他想到了换个方法试试。他想出了一个“迂回前进”的思路：先写剧本，待剧本被导演看中后，再要求当演员。幸好现在的他，已经不是刚来时的门外汉。两年多的耳濡目染，每一次拒绝都是一次口传心授、一次学习、一次进步。因此，他已经具备了写电影剧本的基础知识。

一年后，剧本写出来了，他又拿去遍访各个公司的导演：“这个剧本怎么样？让我当男主角吧！”但那些导演普遍认为他的剧本挺好，但要让他当男主角是不可能的。他又一次次被拒绝了。

他不断地对自己说：“我一定要成功，也许下一次就行，再下一次，再下一次……”

在他一共遭到1300多次拒绝后的一天，一个曾拒绝过他20多次的导演对他说：“我不知道你是否能演好，但至少你的精神令我感动。我可以给你一次机会，但我要把你的剧本改成电视连续剧。同时，先只拍一集，就让你当男主角，看看效果再说。如果效果不好，你便从此断绝这个念头吧！”

为了这一刻，他已经做了3年多的准备，终于可以一试身手了。机会来之不易，他自然拼尽全力，全身心地投入其中。第一集电视剧创下了当时全美最高收视纪录——他成功了！

其实在人生的道路上，谁都会遇到困难和挫折，这一点，就连明星也不例外。面对困难，就看你能不能战胜它，战胜了，你就是英雄，就是生活的强者。从某种意义上说，挫折是锻炼人意志、增强能力的好机会，不要一遇到挫折就放弃努力。只要你不断尝试，就能取得成功。

美国第16任总统林肯曾说过：“我成功过，我失败过，但我从未放弃过。”任何成功都不是轻而易举得来的。无论你遇到多大的挫折，遭遇多大的困难，你都要告诉自己：“我只需要再多尝试一次，就能成功。”

在一场火灾中，一个小男孩儿被烧成重伤。医院全力以赴地挽救了他的生命，但他的下半身却从此没有了任何知觉。医生悄悄地告诉他的妈妈，孩子以后只能靠轮椅度日了。出院以后，妈妈每天都推着他在院子里转一转。

有一天，天气十分晴朗，妈妈推着他到院子里呼吸新鲜空气，后来妈妈有事暂时离开了。天空是如此美丽，蓝得好似水洗过一般，风儿轻柔地吹着，草地上盛开着各色的小花。男孩儿的心如同从沉睡中醒来，一股强烈的冲动自他的心底涌起：我一定要站起来！他奋力推开轮椅，然后拖着无力的双腿，用双肘在草地上匍匐前进。一步一步地，他终于爬到了篱笆墙边，接着，他又用尽全身力气，努力抓住篱笆墙站了起来，并且试着扶住篱笆墙行走。未“走”几步，汗水就从他额头上淌下来。他停下来喘口气，咬紧牙关，又拖着双腿再“走”，一直“走”到篱笆墙的尽头。

从那以后，他每天都要抓紧篱笆墙练习“走路”。可时间一天天地过去了，他的双腿始终无力地垂着，没有任何知觉。他不甘心就此困于轮椅，紧握拳头告诉自己：未来的日子里，一定要靠自己的双腿来行走。终于，在一个清晨，当他再次拖着无力的双腿紧拉着篱笆墙“行走”时，一阵钻心的疼痛从下身传了上来。那一刻，他惊呆了——自从烧伤之后，他的下半身再也没有任何知觉。他怀疑是自己的错觉，又试着“走”了几步。没错，那种钻心的疼痛又一次清晰地传了上来。他的心狂喜地跳动着，在他不懈的努力下，他的下肢终于开始恢复知觉了。他一遍又一遍地走着，尽情地享受着别人避之唯恐不及的钻心般的痛楚。

自那以后，他的身体恢复得更快了。他先是能够慢慢地站起来，扶着篱笆墙走几步；渐渐地他便可以独立行走了。最后有一天，他竟然在院子里跑了起来。至此，他的生活与一般的男孩子再无两样。他读大学的时候，还被选进了田径队。当他健步如飞时，没有人知道他曾经是一个被医生宣告要终身与轮椅为伴的孩子。

他就是葛林·康汉宁博士，他曾经跑出过全世界最好的成绩。

其实，很多事情都是如此。往往再尝试一下，就会有意想不到的收获。令人感到遗憾和悲哀的是，面对一而再、再而三的失败，多数人选择了放弃，没有再给自己一次机会。

冯玉祥以勤俭节约著称，不准家人穿绸缎衣服，只要一见到家里人有穿绸缎的，他总要千方百计地使之难堪。

有一次，冯玉祥看见一名士兵穿着一双新缎鞋，他立即走上前去作揖，行了一个90度的鞠躬礼，而且还左一个大揖，右一个鞠躬。

那名士兵感到十分不解，急忙说："将军，您怎么可以这样呢？这不是让我难堪吗？"

冯玉祥抬起头来，说："我并不是给你行礼，只因为你的鞋子太漂亮了，我不敢不低头下拜哩！"

那名士兵一听，立即脱下新鞋，并表示以后再也不穿这样的鞋了。

酸：总在成功与失败之间

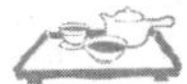

甜：深放在心间，好梦会实现

雨果曾说：“不论前途如何，不管发生什么事情，我们都不能失去希望，它是永恒的欣喜。它就像人类拥有的土地，年年有收益，是用不尽的、最牢靠的财产。”

的确，希望就是我们的好梦、我们心中的甘甜，只要将自身放在心间，拥有一种执著的精神，我们的好梦终会实现。

一个人若有了希望，便会成就一切梦想。希望是催促人们前进的动力，也是生命存在的最主要的激发因素：只要活着，就有希望；相应地，只要抱有希望，生命便不会枯竭。希望，不一定是多么伟大的目标，它可以缩小到平淡生活中的一些小期待、小盼望、小快乐、小满足，譬如明天会看到太阳，明天要去听一场音乐会；下星期约了老朋友去喝茶，下个月即将有一笔小奖金；阳台上的盆花即将盛开……虽然在别人眼里，或许尽是些微不足道的细碎之事，但是，对个人而言，这些都是值得等待的令人喜悦的希望。

有一个农家女孩，生长在偏远的小村子里。过着“日出而作，日落而息”的生活，她喜爱一项传统工艺——剪纸，并达到了比较高的水平。

这个女孩从别人那里听到这样一个消息：一些外国人喜欢中国的工艺品，大老远跑到山西的农家小院去买老太太做的虎头鞋，一双10美元，值好几十块人民币呢！她想，北京是首都，外国人多，如果把自己的剪纸拿到那里一定能卖个好价钱。18岁那年，她为自己的剪纸作品进行了第一次尝试，她带着省吃俭用攒出来的路费，满怀希望地来到了北京。但是她没有想到，北京艺术品市场里的剪纸那么便宜，她带去的作品，一块钱一张都没人要，险些连回家的路费都成了问题。这次尝试得到的答案是此路不通，后果是不仅没挣到钱，还赔上了一笔路费。但是，女孩并没有因此而放弃希望，相反，她选择了坚持继续学习剪纸艺术。

在女孩22岁那年，她为自己的剪纸作品进行了第二次尝试。她苦苦哀求、软磨硬泡拿到了父母为她准备的1000元嫁妆钱，交了省城一家美术馆的展览费。这一次更惨，她不仅赔上了自己的嫁妆钱，还欠下了一大笔装裱费，而且成了乡邻茶余饭后的笑料，这样的后果她已经无法承受了，只好一走了之，为还钱她到深圳去打工。打工的那段日子，尽管她过得很艰难，但她除了每天在流水线上拼命工作外，还挤出时间去上晚间的美术课，处处留心实现自己剪纸梦想的机会。

后来，她做了一次又一次尝试。随着年龄的增长和人生阅历的增加，她将自己所能了解到的途径一一尝试。到艺术学校自荐、参加各种各样的评比和展出、给报纸和杂志寄作品、报名参加电视台的参与节目、想方设法接触记者、联系赞助商、搞个人展、请工艺品店和市场代卖、去印染厂推销自己的图样设计，等等。她的尝试有许多次都失败了，但她勇敢地承担每一次失败带来的后果，曾被中介骗子骗走了所有的作品，也曾被债主逼得走投无路。每失败一次都要狼狈不堪地善后，但她每一次在面临选择的时候，都把酷爱的剪纸艺术放在第一位。

后来，她有了自己的一个小小剪纸工作室，靠剪纸维持生活。她满足了，快乐地认为自己获得了成功，因为日夜与她相伴的是剪纸艺术。最后农家女终于成了远近闻名的“剪纸艺人”。

农家女就是这样每天给自己一个小小的希望，并将这个希望深放在心间，她坚信，她能实现自己的好梦。当然，她做到了。也正是她心中的那份甜，让她的生活充满了无限活力。

记得一位名人曾经说过：“世界上一切成功的、一切的财富都始于一个意念！始于我们心中的梦想！”这句话告诉我们：实现梦想、取得成功其实很简单，你要先有一个梦想，然后努力经营自己的梦想，不管别人说什么，都不轻易放弃。

著名大文豪巴尔扎克本是学法律的，但是他一直想当作家，全然不顾父亲让他做律师的忠告，把父子关系弄得很紧张。于是，父亲便不再向他提供任何生活费用，而巴尔扎克写的那些东西又不断地被退回来，他陷入了生活的困境，开始负债累累。在最困难的时候，他甚至只能吃点干面包，喝点白开水，但是他从来没有动摇过自己的梦想。

在最艰苦也最“狼狈”的日子里，巴尔扎克居然还破费了700法郎买了一根镶嵌着玛瑙石的粗大手杖，并在手杖上刻了一行字：我将粉碎一切障碍。正是这句气壮山河的豪言壮语在支撑着他，他一直坚持着自己的理想。后来事实证明，他成功了。

与此类似的还有这样一个寓言故事：

有一只乌龟，很羡慕那些成天在天空中飞来飞去的鸟儿。它想，要是自己也能在天空中翱翔，那该是多么美好啊！

某天，一只到水边觅食的白鹭知道了乌龟的心事后，就对它说：“伙计，想上天还不容易吗？我带你去吧。”

“你能行吗？”乌龟问。

“当然行。”白鹭肯定地回答道。

白鹭找来一截小木棍，对乌龟说：“你趴在木棍上，我衔着木棍就能把你带上天。”乌龟同意了。

白鹭一展翅膀，果真把乌龟带上了天空。就在乌龟欣赏着身边的片片白云时，白鹭看见另一只白鹭飞过，便准备向它打个招呼。可白鹭一张嘴，它衔着的那截木棍便掉了下来，乌龟也被重重地摔到了地上。

白鹭见自己闯了祸，连忙一拍翅膀，飞向了远方。

乌龟挣扎着从地上爬了起来，可它的一条腿已被摔断了，就连身上那件结实的“马甲”，也被摔出许多裂纹来。面对这场突如其来的灾难，乌龟丝毫没想到去抱怨白鹭。它想，即便是拖着一条断腿，也要好好地生活下去，并且决心寻找新的机会，重上蓝天。

在接下来的日子里，乌龟拖着一条断腿，一边寻找各种草药来治疗腿伤，一边寻找适用于飞行的材料。

但无情的命运总是捉弄着这只想飞的乌龟，它虽然治好了腿伤，可用来做翅膀的材料还没有着落。自己实验了上百次，但每次都以失败告终。

这时，其他乌龟开始嘲笑它：“喂，老哥，你别异想天开了，你要能找到会飞的材料，我就能长出翅膀了。”乌龟面对巨大的压力，没有丝毫的气馁。它把内心的痛苦，化为一种向上的动力，它不再理会其他乌龟的嘲笑，而是夜以继日地加紧实验。乌龟在经历了1500余次的失败后，最终找到了适合飞行的材料。

原来，这天乌龟在寻找材料的时候，正好遇上人类的某个庆祝活动，人们把手中的一个个气球抛向了空中，气球便随着风慢慢地飘向了天际。乌龟看到后，深受启发。它捡了一些人类丢下的气球，吹满气后，把它们系在一根结实的细绳上，然后在绳子的底端，再系上一个小竹筐。乌龟则坐进了小竹筐里。

山坡上，一阵风儿吹过，乌龟坐在小竹筐里，在其他乌龟惊讶的目光中，缓缓地飞上了蓝天。

无论是巴尔扎克，还是做着飞天梦的乌龟，他们都是将生命中的那份执著化为一股不可遏制的力量，最终实现了梦想。在追逐梦想的过程中，他们体味到了生命中的甘甜，从看似不可能中实现了他们的梦想。

当一个人明白他想要什么并且坚持自己的梦想时，那么整个世界都将为他让路。如果想享受快乐人生，你就要经受得住生活对你的考验。坚持自己的梦想，幸福就是生活对你的奖赏。

希望是上帝给世人最好的礼物。对生活抱有美好希望的人，才能拥有乐观的人生态度，而拥有乐观的人生态度是我们走向成功的保障。拥有乐观的人生态度，就是以积极的心态来看待生活中发生的各种事，尤其是生活中的苦难。让我们学会以昂扬的姿态来面对即将到来或已经到来的艰难困苦吧！

乐观的人生态度是我们快乐生活、轻松生活的基础。只有拥有乐观的态度，生活才会更美好，生活中的磕磕碰碰也就有了一种别样的美。

有一次，奥古斯特下令将一个性情恶劣的年轻侍从赶出了宫廷。

那位年轻侍从在离开时，苦苦哀求奥古斯特，说：“国王，求求您留下我吧，我发誓我一定改过自新。”

但奥古斯特主意已定，仍然说：“你还是回去吧！”

年轻侍从听到奥古斯特生硬的语气，知道没有希望了，就问道：“我怎么回家去呢？我怎么向我父亲交代呢？”

奥古斯特想了想，回答说：“你就跟你父亲说，你不喜欢我就可以了。”

第二章 莫回首，管他昨是今非

人这一生要经历的有许多，但无论是甜蜜的还是苦涩的经历，都是我们在成长过程中必需的“养料”。也正是这些经历，让我们变得成熟起来。

不为昨天流泪

令人后悔的事情，在生活中经常出现。许多人往往是事情做了后悔，不做也后悔；对于遇到的人，许多人遇到了后悔，错过了更后悔；对于口中所出之言，许多话说出来后悔，不说出来也后悔……人的遗憾与后悔的情绪仿佛是与生俱来的，正像苦难伴随生命的始终一样，遗憾与悔恨也与生命同在。

人生一世，花开一季，谁都想让此生了无遗憾，谁都想让自己所做的每一件事都永远正确，从而达到自己预期的目的，可这只能是一种美好的愿望。人不可能不做错事，也不可能不走弯路。做错了事、走了弯路之后，有后悔情绪是很正常的，这是一种自我反省的前奏曲，正因为有了这种“积极的后悔”，我们才会在以后的人生路上走得更好、更稳。但是，如果你总是忘记不了昨天的失误，终日为昨天而流泪，从而一蹶不振或自暴自弃，那么你的这种做法就是愚人之举了。

我们可以说，疯狂英语的创始人李阳先生已经成为学习英语的代言人了。他练就的一口美式英语是天生的吗？答案当然是否定的。他在高中时候的学习成绩并不理想，甚至有过退学的念头，上了大学之后，他在大一、大二也多次补考过英语。面对这种情况，很多人都会选择放弃，因为他们会觉得自己就是不行，以前一直都不好，以后怎么会学好呢？所以总是会怀疑自己，其实就是无法从过去的阴影中走出来。

如果李阳不能从以前的阴影中走出来，他能成为今天的李阳吗？李阳曾说他的家庭教育是打击式的，家长总说他这不行那不行，这肯定会给他的自信心造成很大的影响。然而，李阳没有被过去的不理想所牵绊，那些“不理想”反而成了他前进的动力。他不会把自己当成一个英语很弱的人，他只会往前看，把自己的努力放在每天的疯狂练习中，所以，在大一、大二时，尽管他的英语很差，但大四的时候，他已经开始出入各种场合做起翻译了。他是怎么做到的呢？他的努力自然是最关键的因素，但是如果他没有彻底抛开过去的失意，他的成功也许会来得很晚。

李阳小时候是一个性格非常内向的人，不敢和别人交流，能去买一瓶酱油就是很成功的事了。当多年以后，他成为了一位善于与别人交流的人，他的父母看到他的表现都很惊讶地问：“这是李阳吗？”

李阳从一个性格内向的人，变成了今天可以在上万人面前流利地说英语、传授自己学习方法的老师，这样的转变不是很大吗？如果从他小时候的性格来看，谁能相信他会成为今天的李阳呢？这就说明了今天的你完全可以彻底颠覆昨天的形象，只要你愿意去改变，只要你不被昨天所牵绊！

昨天已成为了往事，那么就不要再在意它的是非曲直了，正如这位心理学教师所讲的一样：

有一位很有名气的心理学老师，一天在给学生上课时拿出一只十分精美的咖啡杯。当学生们正在赞美这只杯子的独特造型时，老师故意装出失手的样子，咖啡杯掉在水泥地上瞬间摔成了碎片，这时学生中不断有人发出了惋惜声。老师说："很可惜，是吧，可是这种惋惜也无法使咖啡杯再恢复原形。今后在你们的生活中如果发生了无可挽回的事，请记住这个破碎的咖啡杯。"

过去的已经过去，不要再为打翻的牛奶而哭泣！生活不可能重复过去的岁月，光阴如箭，来不及后悔。从过去的错误中吸取教训，在以后的生活中不要重蹈覆辙，这才是成长！

"往者不可谏，来者犹可追。"现在我们要做的就是每天给自己一个新的希望，让自己能够重整旗鼓，振作起来，而不是掩面流泪，为昨天哀伤。看看下面这个故事，你定会有收获的。

有一位名医，素以医术高明著称，但当他事业达到巅峰时，他发现自己得了咽喉癌——那正是他最了解的一种病，也是他多年致力研究的方向。和任何人一样，这位名医经历了震惊、恐惧、不甘心，以及别人没有的愤怒。基于自己丰富的经验，这位名医知道自己的生命期限：只有6个月到1年。

经过一番深思，冷静地自我探索后，他决定接受这个残酷的事实。但是，他要在有生之年，在有限的时间里，好好地、快乐地、认真地体验生命，放下以往担在肩上的许多压力，以一种全新的眼光去看这个世界，用爱心去关怀周围的每一个人，以使自己的生命更充盈、更丰富、更有意义。

有了这样一种新的人生观后，他整个心态都有了转变，他变得谦和、宽容，懂得珍惜，对身边的一花一草，都怀有一分温柔；对身边的朋友、家人，甚至对陌生人，也都笑颜相对。早上外出运动，他亲切地和别人打招呼问好；在医院看病，他比以前更亲切，更关心病人。

半年过去了、一年过去了，如今，他已经平安地度过了第六个年头。没有人知道他还能活多久，包括他自己，然而，他已经不再关心这些了。

有人问他是什么神奇的力量在支撑他，这位名医坚定地说："是希望！我每天给自己一个希望，希望我的病人每天好一点儿，希望早上运动时能见到那些朋友……就是这些希望，促使我每天都觉得自己很重要，必须打起精神来过这一天。"

人的生命是短暂的，在有生之年，需要我们努力去做的事情有很多，对于昨天的，无论是伤痛还是大喜大悲，我们都没有太多的时间去愧疚、后悔、流泪、哀伤。记住，你若有精力，那么就把这些都用在将来美好的日子上吧，就像那位老名医那样。

让自己活得更舒心些，每天给自己一个希望，试着不为昨天而流泪、叹息，只为今天过得更加美好而奋斗，我们就能够造就一个辉煌的明天，拥有一个灿烂美好的人生！

笑看人生

侯宝林在一次相声艺术家的表演会上表演京戏唱段，非常精彩，博得观众一阵又一阵的掌声。

唱完之后，他自谦不足，颇有风趣地对观众说："岁数大了，唱不好，就能糊弄人。"

主持人一听，赶紧说："我听着挺棒的！"

侯宝林回答说："你听我糊弄惯了呀！"

不为昨天流泪

别再责怪自己

很多时候，我们总是停留在责怪自己的生活中，令自己悔恨不已。其实，何必那么为难自己呢？无论过去你做的事情有多么糟糕，都不要再责怪自己了，要知道，人生还有很多东西值得我们去追求，做你想做的事，爱你想爱的人，成你想成的事业，这样人生才不会留有遗憾啊！

不要为自己比不上别人而责怪自己的能力，其实，每个人都各有所长，各有所短。

可见，人的悲哀不在于没有拥有财富，而在于没有意识到自己所拥有的一切，这才是人生最大的不幸。

有一个青年，他总是觉得每天的生活很无聊，感到自己一无所有。所以，他决定去找一位很受人尊敬的哲人，希望哲人可以给自己指明一条生活的道路，不让自己再一无所有。

哲人见到青年之后问："你来找我做什么？"

青年回答道："我是一个很贫困的人，我一无所有。所以，我想恳请大师为我指点迷津，使我能够找到人生的财富。"

哲人摇摇头，说道："其实，你和别人一样的富有，你从来都不贫困，因为时间老人每天都会在你的时间银行里存下86400秒的时间。"

青年苦涩地一笑，说："时间对我又有什么用？它既不能为我换来一餐美食，又不能给我带来任何荣誉和财富……"

这时，哲人很严肃地打断了他说的话，问道："难道你不认为时间比你说的这些都珍贵吗？不信，你可以去问一个刚刚错过与爱人相见的人，一分钟值多少钱？或者你再去问问一个与金牌失之交臂的运动员，一秒钟值多少钱？你还可以再去问问一个刚刚从车祸中死里逃生的幸运之人，一秒钟又值多少钱？"

青年听过这些后，感到十分惭愧。

哲人说："你只有明白时间的珍贵，去寻找一件自己应该做的事情，那你才会发现许多有价值的东西！"

我们都应该明白，只要我们拥有现在，我们就是富有的！因为，我们每个人每天都拥有86400秒的时间来支配。所以，不要再一味地认为自己一无所有而频频责怪自己了。但是，纵使我们每个人每一天都有86400秒的时间用来支配，如果我们不珍惜，时间也会像风一样从我们身边飞快地溜走，使我们的人生一片空白。

还有一些上了年纪的人总是喜欢沉浸在责怪自己年龄的泥淖中不能自拔，其实，何必如此呢？任何人都不能永远年轻啊！况且，年龄大了也不一定就是坏事，这个社会也需要老年人贡献一份力量。

“姜太公钓鱼，愿者上钩”讲的就是年已老迈的姜太公最终遇上了“伯乐”的故事。可见，年龄真的不是问题，它只是一种生理现象罢了，而对于一个人的才能的发挥没有任何影响。

我们都知道，肯德基是一种流行于世界各地的快餐，但它是怎样创办起来的呢?

桑德士上校原本有一家生意兴隆的汽车旅馆，他本打算依靠这个汽车旅馆安度晚年，但不幸的是，城市的规划建设将原本为他带来财源的公路改了。所以，他的汽车旅馆被迫关门大吉。此时，他身上除了一份制作炸鸡的调料处方单外，便一无所有了。于是，他离开那个曾经给过他梦想的地方，来到了加拿大，准备大干他的炸鸡事业。然而，他却失败了，在他70多岁的时候，他再次受到了沉重的打击，但是他从来没有退缩过。他回到了自己的家乡，仔细分析失败的原因，决定适时再重试一次，最后，他成功了，他成了炸鸡事业的“鼻祖”。

可见，判断一个人年轻与否并不能只从年龄上来看，重要的是要看他有没有保持年轻的那份心境。

人的生命是有限的，而在这有限的时间里，我们要做的事情有很多，所以，我们没有太多的时间、太多的理由来责怪自己，有很多事情是我们命中注定要发生的，我们改变不了，即使责怪自己，也无济于事。

一次，全国写作协会在深圳罗湖区举行年会。开幕式上，有关领导按照辈分大小逐一发表了长篇大论，轮到某书记发言时，开幕式已经进行了很长时间。

于是该书记这样说：“首先，我代表区委和区政府，对各位专家、学者表示热烈的欢迎。”掌声过后，稍事停顿，他响亮地说：“最后，我预祝大会圆满成功，我的话完了。”

他以迅雷不及掩耳之势结束了演讲。

听众开始也是一愣，随即爆发出欢快的掌声。因为，从“首先”一下子跳到“最后”，中间省去了其次、第三、第四等。

坦然面对眼前

在人生的大海上航行，我们每个人都渴望一帆风顺，但谁又能确保一定不会遇到风浪呢？要知道，只有在颠簸的风浪中攀爬过，我们才会知道生命的真正意义。所以，当我们的“行舟”在遭遇风浪时，不要惧怕，更不要灰心，这些都是难免的。而我们唯一能做的就是坦然面对眼前，理智地处理一切。

一天，一位老人坐在轮船的甲板上看近日的报纸。突然起了一阵风，把他新买的帽子刮了起来，当他抬起头时，帽子已经落进了海中。船依旧在前进着，只见他用手摸了摸自己的头，又继续看起报纸来。旁边的一位水手见状后大惑不解地问：“先生，你的帽子被刮到海里了！”“是的，谢谢你的提醒！”说完之后，老人仍继续看报纸。手水在一旁着急地说：“可那帽子值几十元呢！你难道就不着急吗？”“我正在考虑怎样省钱再买一顶，帽子丢了，着急又有什么用呢？它还能再回来吗？”说完，那位老人又继续看起了报纸。

是的，失去的已经失去了，又何必为之大惊小怪呢？我们都有过失去爱物的经历，可我们又是怎么做的呢？比如，我们将最喜欢的东西给弄丢了，或是与相处了好几年的恋人分手了，这都会引起我们的不快。究其原因，就是因为我们太在乎这些东西了，不能坦然地面对它们的失去，所以对它们的突然失去会有种不知所措的感觉，致使我们总是沉湎于失去的痛苦中。其实，仔细想一想，不管我们如何懊悔，都是没有用的，我们此时要做的就是面对现实，这才是明智之举。常言道：“旧的不去，新的不来。”确实是这样，与其懊悔失去，不如考虑怎样才能再得到新的。

一次，小敏被偷了钱包，她心里很烦恼，因为里面不仅有很多现金，而且还有她的身份证。要知道在外地打工回去办一次身份证，不仅来回跑麻烦，而且还得请假，耽误工作，所以她好几天心情都不好。

她的朋友听说了，就过来安慰她，这位朋友说：“钱包已经丢了，你再怎么想，它也不可能回来了，你这样又是何必呢？钱丢了是小事，如果总是郁郁寡欢，从而使不良情绪影响了你的健康，那麻烦就大了，还是想想解决的具体办法吧。其实这也没什么不好，顺便你还可以回家去看看呢，你也出来半年多了……”

听了这些话，小敏的心情也随之好转起来。

当挫折来临时，我们要以一种乐观、豁达、健康的心态去面对，这样生活才会变得更加美好。

在某大草原上有这样一位牧羊人，他总是羡慕别人的羊群比自己多，别人的羊毛质量比自己的好。因此，他每天都“烦！烦！烦！”地喊着，并冲家里人大发脾气，还不时地向上帝祈祷，希望与别人交换命运。

上帝见此，决定帮他实现交换命运的愿望。于是，上帝对他说：“你把所有的烦恼都装进口袋里吧，然后你去篱笆墙边，那儿有无数袋烦恼，你喜欢哪一袋，就拿走哪一袋吧。”

牧羊人向上帝表示过感谢后，便赶快把自己的烦恼装进口袋，背在肩上就出发了。

一路上，牧羊人觉得肩上的口袋越来越沉重，他甚至都没有力气前进了。但是，他太希望与别人交换命运了，因此他强撑着踉踉跄跄地往前挪。

牧羊人想到种花的老人，他过着与世无争、超绝尘世的生活，老人的那一份宁静和从容，让他很羡慕啊！他想种花老人的烦恼一定少之又少。

牧羊人又想到牛奶厂的厂长，他看起来多么逍遥自在啊！他不用干活，家里雇用了挤奶工、厨师，他的日子过得比任何人都滋润。

牧羊人边走边想着自己的一个远房亲戚，他不仅在城里有别墅，还有可爱的儿女、年轻漂亮的妻子，这个亲戚一定没有烦恼。

当牧羊人来到篱笆墙时，上帝让天使将他肩上的口袋卸下，放进一大堆装着麻烦、苦恼、不满、屈辱、挫折等的口袋中，而这些口袋的主人都是牧羊人所羡慕的那些人。这些人有农场主、牛奶厂的厂长、远房亲戚、种花的老人，甚至有政府公务员、律师、企业家、歌王……

牧羊人看傻了眼，他喃喃道：“上帝啊！感谢你的仁慈，让我有机会从这么多人中挑选交换命运的对象，我太高兴了！”

天使说：“你慢慢挑吧。只要你选出一个最喜欢的，就把它带回家，这样你的命运就改变了。”

牧羊人听后高兴地开始了他的挑选工作。他花了一整天的时间，选了又选，挑了又挑，在天黑之前才选出了一个重量最轻的口袋。这个口袋的分量实在太轻了，仿佛里面什么都没有装似的。

牧羊人开心极了。在回家的路上，他高兴地想：“口袋里的烦恼这么少，说不定是州长的呢，要么就是最有名气的那个律师的。”

到家后，牧羊人放下口袋，迫不及待地打开一看，原来，他在堆积如山的口袋里，竟然挑出了他自己的那一袋。在一整天的挑选中，他称了又称，量了又量之后，原来，他的烦恼、苦闷才是最轻和最不给自己造成心理负担的。

从此以后，牧羊人开始能以正确的态度来对待自己生活中的痛苦、忧虑和担心了。这些原本是他极想和别人交换的，但现在，他已经能坦然地面对了。

很多时候，我们总是羡慕别人，总认为他人比自己强，而认识不到自己的优势，这样就导致自己不能坦然地面对自己，使自己每日在忧虑中度过。这无疑是自找苦头，自寻烦恼，这时，我们不妨学学玛丽·凯。

在20世纪60年代初期，美国化妆品行业的“皇后”玛丽·凯把她一辈子积攒下来的5000美元作为全部资本，创办了玛丽·凯化妆品公司。

为了支持母亲，她的两个儿子也“跳往助之”，辞去了较好的工作，加入到母亲创办的公司中来，宁愿只拿250美元的月薪。玛丽·凯知道，这是背水一战，也是在进行人生中的一次大冒险，弄不好，不仅自己一辈子辛辛苦苦的积蓄将血本无归，而且还可能葬送两个儿子的美好前程。

在创建公司后的第一次展销会上，玛丽·凯隆重推出了一系列功效奇特的护肤品，按照原来的计划，这次活动会引起轰动，一举成功。但是，“人算不如天算”，整个展销会下来，她的公司只卖出去20美元的护肤品。

在残酷的事实面前，玛丽·凯不禁失声痛哭，但在哭过之后，她开始反复地反省自己：“玛丽·凯，你究竟错在了哪里？”

经过认真地分析，她及时调整了自己的心态，坦然地接受了这一切。最后，她终于悟出了一点：在展销会上，她的公司从来没有主动请别人来订货，也没有向外发订单，而是希望人们自己上门来买东西！难怪她的公司在展销会上毫无斩获。

于是，她从第一次失败中站了起来。如今，玛丽·凯化妆品公司已经发展成为一个国际性的公司。

玛丽·凯最后能取得如此成就，是她自己反思的结果，更是她能够坦然面对现实的结果，正因如此，她最后才取得了成功。

如果失败是人生不可避免的一种经历，那么这种经历会使我们走向成熟；如果说一个人的成熟必须历尽沧桑的话，那么这种沧桑也是一种美。人的一生，谁也逃避不了失败和挫折。

有句格言：“不怕摔下去，就怕摔下去之后不肯爬起来。”相信大多数人都知道这句话，但又有多少人在摔倒后，真正能做到坦然面对挫折呢？坦然面对挫折就是一种自信，有自信你才能东山再起。

有一次，有一个人问泰勒斯：“你认为人活在这个世界上，什么事情是最困难的？”

泰勒斯回答说：“认识你自己。”

有一次，有一个人问泰勒斯：“你认为怎样才能过有哲理和正直的生活？”

泰勒斯回答说：“不要做你讨厌别人做的事情。”

不要总是回味

莎士比亚曾说："聪明的人永远不会坐在那里为他们的损失而悲伤，却会很高兴地去找出办法来弥补他们的创伤。"海军上将厄耐斯特·金恩也说过："我把最好的装备提供给最优秀的人员，再交给他们一些看起来很卓越的任务。我所能做的仅此而已。如果一条船沉了，我无法把它捞起来。如果船一直下沉，我也无法挡住它。我把时间花在解决明天的问题上，要比为昨天的问题后悔好得多。况且，如果我老是为这些事操心，我将支撑不了多久。"

现实中每个人都喜欢回味过去，因为回味过去的成就，能让我们或是觉得更加有成就感并作为激励自己前进的动力，或是让我们陶醉在喜悦之中忘乎所以；回味过去的痛苦经历，会让我们或是陷入伤痛中不能自拔，或是激起我们的斗志，奋勇直前。总之，回味的结果就是既有利也有弊，那么，我们就不要一味地回味过去了，过好今天就行了。

一天，一位得道的高僧休息前吩咐他的小弟子去给佛祖点上香火，这个笨手笨脚的小和尚不小心把香炉打翻了，香灰撒了一地，刚刚插好的香火也断了，差点儿燃着了整个祭堂。小和尚知道自己闯了大祸，就偷偷地躲了起来。

第二天，高僧找不到小和尚，便亲自来到祭堂探究原因，得知了事情的真相后，高僧开始有点儿生气，但是很快就平息了下来。他派人去把躲藏起来的小和尚叫来。小和尚因为害怕，哭了一夜，眼睛红红的，心想这次肯定要被重罚。高僧看了一眼小和尚："你耽误了今天的晨课，知道吗？"小和尚抬起头，很不解地望向师父，然后低头主动认错："师父，我错了。我昨晚打翻了香炉，您不生气吗？为何今日不责罚我，反而仅仅怪我耽误了晨课呢？"高僧语重心长地说："对于你昨天犯的错误，我是很生气，可是事情已经过去了，再来追究已于事无补。昨天香灰已撒、香火已断已经是无法挽回的事情了，唯一可以做的便是今天马上换上新的香灰，重新点上香火，再把今日的晨课补回来。如果因为昨天的失误，把今天的光阴也赔进去的话，那才是不可饶恕的。你明白了吗？"小和尚恍然大悟。

很多时候我们也像小和尚一样，回味那些并不能改变，而只会给我们带来烦恼、忧愁的事情，最后落得问题没解决成，自己倒深陷其中不能自拔了。

曾有一位重量级拳王在谈到失败时这样说道："比赛的时候，我忽然感到自己好像一下子老了很多。在打到第十回合时，我浑身伤痕累累，脸也肿了起来，两只眼睛疼得几乎睁不开了，只是没有倒下罢了。我模糊地看见裁判员高举对方的右手，宣布对方获得了比赛的胜利。从此，我不再是拳王了。我伤心地穿过人群走向更衣室，这时有的人想和我握手，而有的人则含着眼泪，失望地看着我。一年之后，我再次和对手比赛，我又失败了。要我完完全全不想这件事，实在是太痛苦、太困难了。可我仍然对自己说，从现在开始，我不要生活在过去，不要再自寻烦恼。我一定要勇敢地面对这一现实，承受住打击，绝不能让失败打倒我。”

这位重量级拳王承认了失败的事实，跳出了令他悲伤的深渊，努力忘掉一切，并集中精力筹划未来。此后，他转向做新拳手的经纪人，为新人策划宣传和经营比赛。然而，当他完全投入到自己新的工作中时，他试着不再回味过去的悲伤事情。这让他感到现在的生活比当拳王时的生活要快乐得多。

可见，这位拳王能清楚地认识自己，更懂得善待自己。其实，与其回味那些生活中无法改变的事情，不如在当初我们拥有时就作出正确的选择，而不给今后留下遗憾。

很久以前，苏格拉底的几个学生向他请教人生的真谛。充满智慧的苏格拉底把他们带到麦田边，这时正是谷物成熟的季节，田地里到处都是沉甸甸的麦穗。

“你们各自顺着一行麦田从这头走到那头，每人摘一枚自己认为是最大、最好的麦穗。不许走回头路，不许作第二次选择。”苏格拉底神秘莫测地说。

当学生们到达麦田的另一端时，老师已在那里等候着他们了。

“你们是否都作出了正确的选择？”苏格拉底问。学生们你看着我，我看着你，都不回答。

“怎么啦？孩子们，你们对自己的选择不满意吗？”苏格拉底再次问。

“老师，让我再选择一次吧！”一个学生请求说，“我走进麦田时，就发现了一个很大很好的麦穗，但是，我还想找一个更大更好的。可是，当我走到最后，却发现第一次看见的那枚麦穗就是最大的。”

另一个学生紧接着说：“我和他恰巧相反，走进麦田不久，就摘下了我认为最大最好的麦穗，可是后来我发现，麦田里比我摘下的这个更大更好的麦穗多的是。老师，请让我也再选择一次吧！”

“老师，让我们都再选择一次吧！”其他学生一起请求。苏格拉底坚定地摇了摇头：“孩子们，没有第二次选择，这是游戏规则。”

你也有过这种感觉吧？要知道，人生从来都不可能有回头路，没有第二次选择的机会，对那些做过的、选择过的都抱着无怨无悔的态度平和待之吧！

柯立芝以沉默少言著称，被人们称为“沉默的卡尔”。一天，艾丽斯·罗斯福·朗沃思对柯立芝说：“您看上去像从盐水里捞出来的。”

柯立芝听了，笑着说：“我认为美国人民希望有一头严肃的驴做总统，我只是顺应了民心而已。”

一笑置之更妙

生活中有酸，有苦，亦有甜。对于我们生命之中痛苦的记忆，若想之，恐怕我们一辈子都会在伤疤上徘徊。所以我们要学会一笑置之，这样才能走出阴郁，走在今天充满阳光的天地间。

意大利诗人但丁曾有一句名言：走自己的路，让别人去说吧。这句话字里行间都流露出但丁那种轻松处世的人生态度。面对人生风云，一笑置之，看似消极，其实却是一种智慧。

最了解自己的人莫过于自己，他人看到的往往只是自己光鲜的一面，而自己的忧愁、顾虑只有自己清楚。但无论自己有多难，我们都没有必要让世界上的每一个人都知道，对于他人的不理解，一笑置之可谓是最聪明之举。

在国外，有一名著名的女高音歌唱家，她在三十几岁时就誉满全球了，而且还有温柔体贴的丈夫和活泼可爱的儿子。

一次，她到邻国来开独唱音乐会，入场券早在一年前就被抢购一空了。她当晚的演出也受到了极为热烈的欢迎。演出结束后，女歌唱家和她的丈夫、儿子从剧场里走出来的时候，一下子被早已等候在那里的观众团团围住。人们七嘴八舌地与歌唱家攀谈着，其中不乏赞美和羡慕之词。

有的人恭维她大学刚刚毕业就开始走红，进入了国家级的歌剧院，成为扮演主要角色的演员；有的人恭维她25岁时就被评为世界十大女高音歌唱家之一；也有的人恭维她有个腰缠万贯的某大公司老板做丈夫，而膝下又有个活泼可爱脸上总带着微笑的小男孩……

在人们谈论这些的时候，歌唱家只是一笑置之，并没有表示什么。等人们把话说完以后，她才缓缓地说："我首先要谢谢大家对我和我的家人的赞美，我希望在这些方面能够和你们共享快乐。但是，你们看到的只是一个方面，还有另外的一个方面没有看到。那就是你们夸奖的活泼可爱、脸上总带着微笑的小男孩，不幸是一个不会说话的哑巴，而且，在我的家里他还有一个姐姐，是需要长年关在装有铁窗房间里的精神分裂症患者。"

歌唱家的一席话使人们震惊得说不出话来，你看看我，我看看你，似乎很难接受这样的事实。这时，歌唱家又言："其实，上帝给谁的都一样多。"

是啊，上帝给谁的都是一样多的，尽管在他人看来你是那么优秀，但自己的内心只有自己知道。

凡事一笑置之，更体现了一种积极乐观的心态。

"二战"以后，很多国家出现了不同程度的经济危机，在美国一座曾经十分繁华的城市里，有一条人来人往的街道，有个盲乞丐每天都在街边坐着，他总是笑眯眯的，每当感觉到有人走近时，他就会友好地跟他们打招呼。大家都很好奇，为什么那位盲乞丐每天都如此快乐，他难道不为乞讨不到更多的钱忧愁，不为自己的境况悲伤吗？于是有人猜测，那个乞丐不是凡人，所以无忧无虑；也有人说，他可能是来自疯人院的疯子。终于有一天，一个年轻的小伙子按捺不住自己的好奇心，上前去询问盲乞丐为什么每天都如此开心。盲乞丐开心地笑了，他说："因为无论怎么样，我每天都能看到太阳从东方冉冉升起，我看到世界是光明的，所以就无比快乐。"小伙子很不解，又问道："您分明是个盲人，又怎能看到太阳呢？"盲乞丐捋捋长须，说："孩子，难道双目失明就无法看到这世上的阳光了吗？"

人生究竟快乐与否，不在于外部环境如何，真正影响人的是自己的心，我们如果总是让自己的内心充满悲伤，那么，纵使有再多的阳光，我们也会视而不见。而且，人在遭遇困境时用一笑置之法应对，是取得更大成功的阶梯。

25岁时，他立志做世界一流的作家，每天辛苦写作，但所写的稿件全部被退回。在随后的3年时间里，他一共写出1个长篇、18个短篇和30首诗，不幸的是，妻子把他装有全部手稿的手提箱弄丢了。

29岁，他的第一部著作出版，这部只印了300册的书，没有在社会上产生任何影响。这时，他穷困潦倒，妻子也带着儿子离开了他。

事业无望，家庭破碎，经济窘困，一般人遇到这种情况可能都会一蹶不振，但他没有。虽然每一次的尝试都以失败结束，但他仍然没有放弃新的尝试。因为他相信只要用平常心面对失败，并且不害怕失败，上天对每一个人都是公平的，自己的付出终会得到应有的回报。

第二年，他尝试用一种新的文学体裁创作了长篇小说《太阳也升起了》，引起各方的好评。这以后，他继续尝试不同风格和题材的文学作品，佳作不断问世：《永别了，武器》成为了20世纪20年代的经典之作，《乞力马扎罗的雪》也是20世纪最成功的短篇小说之一，直到《老人与海》——这部世界文学宝库中的珍品问世，他终于实现了20岁时的梦想——做世界一流的作家。

1954年，他凭借在文学上的突出贡献，荣获了诺贝尔文学奖。

他，就是海明威。

面对巨大的压力和家人的不解、离弃，海明威没有又急又跳，而是采取了一笑置之的做法，从而走出了困境的泥潭，最终走向成功。

一笑置之，不是对人或对事冷漠，而是对自己及他人的一种宽容与理解，也是自我放松心灵、解脱羁绊的自嘲之法。

辛亥革命取得胜利后，孙中山当了临时大总统。

有一天，孙中山身穿便服，去参议院出席一个重要会议。当来到参议院门口时，他却被大门前执勤的卫兵拦住。

卫兵见他衣着朴实，就厉声说道：“今天有重要会议，只有大总统和议员们才能进去，你这个大胆的人要进去干什么？快走！快走！否则，大总统看见了会动怒，一定会惩罚你的！”

孙中山听了，不由得笑了，反问道：“你怎么知道大总统会生气？”

他一边说着，一边出示了自己的证件。

卫兵一看证件，才知道眼前的人竟是大总统，脸庞瞬间变色，立即扑倒在地，连连请罪。

孙中山急忙扶起卫兵，笑着对他说：“你不要害怕，我不会惩罚你的。”

第三章 莫生气，愁容不如笑容

英国著名作家迪斯雷利曾说：“为小事生气的人，其生命是短暂的。”所以，我们要学会少生气，要学会尽快忘记烦恼，学会自我放松，改掉斤斤计较的坏习惯。

不在意，不生气

法国作家莫鲁瓦深刻地指出：“我们常常为一些应当迅速忘掉的、微不足道的事所干扰而失去理智，我们活在这个世界上只有几十个年头，然而我们却为无聊琐事而白白浪费了许多宝贵时光。”由此可见，过于在意琐事的毛病已经严重影响了大家的正常生活，使生活失去了光彩。毫无疑问，这是一种非常愚蠢的做法。

下面有一个因小失大的故事：

一只骆驼在沙漠里艰难地走着，当时正值正午，挂在天空的太阳像一个大火球，晒得它焦躁万分，骆驼一肚子的火不知该往哪儿发好。

就在骆驼焦躁万分时，一块玻璃瓶的碎片把它的脚掌硌了一下。疲累的骆驼突然感觉从脚掌传来一阵疼痛，顿时火冒三丈，抬起脚狠狠地将碎片踢了出去。然而，玻璃瓶又将它的脚掌划开了一道深深的口子，鲜红的血液顿时染红了沙粒。

生气的骆驼一瘸一拐地在沙漠里走着，一路的血迹引来了空中的秃鹫，它们在骆驼上方的天空中盘旋着。骆驼心里一惊，顿时感觉到危险的降临，于是不顾伤势狂奔起来，但是血流得更猛了。

当骆驼跑到沙漠边缘时，浓重的血腥味又引来了附近的狼，疲惫加之流血过多，无力的骆驼只得像只无头苍蝇般东躲西藏。仓皇中，骆驼终于跑到了一处可以歇息的地方。不料，食人蚁倾巢而出，黑压压地向骆驼扑过去。一眨眼，那些食人蚁就像一块黑色的毯子一样把骆驼裹了个严严实实。不一会儿，可怜的骆驼就倒在地上了。临死前，这个庞然大物追悔莫及地叹道：“我为什么跟一块小小的碎玻璃生气呢？”

骆驼的脚掌被玻璃瓶碎片划伤了，这原本是一件非常小的事情。可是骆驼却在这件小事上抓狂了，它愤怒地将碎片踢了出去。然而，它怎么也没有想到，正是它这一举动使它走向悲剧。其实，世界上不仅是骆驼会为一件小事而生气，庞大的狮子也是如此。看看下面的故事：

有一天，狮子正在睡觉。有一只蚊子飞过来围着狮子“嗡嗡”地叫。狮子自认为自己身强力壮，对弱小的蚊子不屑一顾，于是轻蔑地对蚊子说：“你这可怜的小虫子真讨厌，别打扰我睡觉！”

蚊子被激怒了，尖声叫了起来：“你这可恶的家伙，凭什么驱赶我？我要吸你的血！”

狮子讥讽道：“你这小东西，就凭你也敢向我挑战？实话告诉你吧，我是大名鼎鼎的百兽之王！我打败了无数强悍的对手。对付你，我只需要用两根手指就行了！”

让狮子没想到的是，蚊子毫不畏惧地说：“虽然你长得非常高大，但却奈何不得我！你想怎样打架呢？用牙齿咬，还是用爪子抓？”

狮子气极了，伸出爪子拍了几下，想抓住这只讨厌的小蚊子。可是蚊子轻盈地飞舞着，不管狮子怎么抓，都抓不住它。狮子气得暴跳如雷，它大声吼叫，拼命地挥舞利爪，恨不得把蚊子撕成碎片。可是，蚊子依然在它头顶上方盘旋，并且挑衅地说：“你的爪子和牙齿对我都没用，现在应该让你尝尝我的厉害了！”

于是，蚊子吹着喇叭，飞快地向狮子冲去，冷不防地在狮子的鼻子上叮了一口。狮子的鼻尖立刻红肿了起来，疼得它“嗷嗷”直叫。蚊子看到狮子一副痛苦的样子，得意地说：“哈哈，知道我的厉害了吧？你这愚蠢的狮子，根本就不是我的对手！”

狮子更加生气了，它看准目标，猛地伸出爪子向蚊子拍去。“啪”的一声，狮子这一爪没打着蚊子，却打在自己的脸上。狮子脸上火辣辣地疼，鼻尖又痒得难受，禁不住流下痛苦的泪水。狮子知道自己不是蚊子的对手，只好举起白旗，向蚊子投降。

试想一下，假如狮子不跟蚊子计较，根本不把自己被打扰这件事放在心上，它还会忍受这样的屈辱吗？事实上，它因为一件小事，难咽一时之气，最终落得失败的下场。从上面的故事中，我们明白了一个道理：为了逞一时之气，因小失大，得不偿失。

有人曾说过这样一句话：“一件事情，如果想通了就是天堂，想不通就是地狱。既然活着，就一定要活好。”这句话道出了能不能处理好一件事情，关键在于我们自己。那么如何正确处理这些小事呢？我们要学会不在意，换一种思维方式来面对眼前所有的一切。

不在意就是别把什么都当回事，不要把一些鸡毛蒜皮的小事放在心上；别过于看重名与利的得失；不要为了一点儿小事而着急上火，动辄大喊大叫，以致因小失大，后悔莫及；不要有那么多的猜疑敏感，不要曲解别人的意思……我们应该知道，人生有时候真的需要一点点儿“傻”。

不在意是坚守目标、排除干扰的一种良策。我们的精力毕竟有限，如果时时都被小事所累，那么我们必将一事无成。

不在意是一种豁达、大度和宽容。海纳百川，有容乃大。没有宽广的胸怀和气度，是很容易流于琐屑与平庸的。

不在意体现的是一种修养、一种高贵的人格、一种人生的大智慧。那些凡事都要和别人计较的人，自以为非常聪明，其实是以小聪明干大蠢事，占小便宜争大烦恼。而不在意，乃是不争之争，无为之为，大智若愚，其乐无穷。

当然，不在意也不等于逃避现实，它不是麻木不仁，不是看破红尘后的精神颓废和消极遁世，不是对什么都冷若冰霜、无动于衷。而是在奔向人生大目标的途中所采取的一种洒脱、豁达、飘逸的生活策略。假如你能如此，你自然会拥有一个幸福美妙的人生。因此，面对一些琐事时，我们不要生气，而要学会不在意。

看生笑人

1981年的一天下午，当里根总统从华盛顿希尔顿饭店出来时，一个持枪青年向他射击。里根胸部中弹，当即被送进医院。

当里根被推进手术室时，他含笑对外科医生们说道："请向我保证，你们都是共和党人。"

一位医生立即回答道："总统先生，今天这里的人都是好的共和党人。"

手术后的第二天早上，当护士给他拿掉鼻子里的导管时，里根信心十足地说："我很快就会痊愈的。"

护士接着说："愿你继续坚持下去。"

里根听后佯作惊慌状，问道："你的意思是不是说，这样的事也许还将发生几次？"

一天，他看见医生和护士像往常一样围着他，于是他说道："假如我在好莱坞也这样引人注目的话，我当初就不会退出电影界。"

医生和护士都被总统的幽默逗乐了。

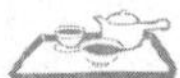

适度宣泄，懂得包容

包容是一种智慧，是一种非凡的气度，是对人对事的接纳，是一种精神上的成熟。宽恕别人，就是宽恕自己。包容是对别人的释怀，也是对自己的善待。如果你学会了包容，那么你的生命就会多一点儿空间，你的生活也会充满阳光。

相传，古代有一位老禅师。一天晚上，他在禅院里散步时，突然看见墙角边有一把椅子。他一看，就知道有人违反寺规越墙出去溜达了。老禅师并没有声张，而是走到墙边，移开椅子，就地而蹲。

过了一会儿，果然不出老禅师所料，一个小和尚在黑暗中踩着老禅师的脊背跳进了院子。当小和尚双脚着地时，他才发觉自己刚才踩的不是椅子，而是自己的师父。小和尚顿时惊慌失措，张口结舌。但是让小和尚没想到的是，师父并没有厉声责备他，只是以平静的语调说："夜深天凉，快去多穿一件衣服。"小和尚红着脸庞跑进了房间。此后，小和尚再也没有违反寺规，擅自越墙出去过。

故事中的老禅师就具有宽广的胸怀，他明知道小和尚违反寺规了，但他并没有训斥小和尚，而是包容了小和尚的错误。在他这种宽容的无声的教育下，小和尚满怀感激，并改正了错误。

包容是一种风格，是一种风度，是一种风范。包容不仅意味着理解和通融，还能表现出一个人宽宏大量的气度。

一天中午，埃德蒙先生刚到厅门，就听见楼上的卧室里发出轻微的响声，那种响声对他来说太熟悉了，是阿马提小提琴的声音。

“有小偷！”埃德蒙先生立即反应过来了，他便一个箭步冲上楼。果然，一个大约13岁的陌生少年正在那里摆弄小提琴。

他头发蓬乱，脸庞瘦削，不合身的外套里面好像塞了些东西。毫无疑问，他是一个小偷。埃德蒙先生用结实的身躯挡在了门口。就在这时，他看见少年的眼睛里充满了惶恐、胆怯和绝望。那是一种非常熟悉的眼神。刹那间，让埃德蒙先生想起了一些往事，愤怒的表情顿时被微笑替代。

埃德蒙先生于是问道：“你是丹尼尔先生的外甥琼吗？我是他的管家。前两天，丹尼尔先生说你要来，没想到你来得这么快！”

那个少年先是一愣，但很快就回应说：“我舅舅出门了吗？我想先出去转转，待会儿再回来。”

埃德蒙先生点点头，然后问那位正准备将小提琴放下的少年：“你也喜欢拉小提琴吗？”

“是的，但拉得不好。”少年低着头回答。

“那为什么不拿着小提琴去练习一下，我想丹尼尔先生一定很高兴听到你的琴声。”他语气平缓地说。少年抬起头来，疑惑地望了他一眼，但还是拿起了小提琴。

临出客厅时，少年突然看见墙上挂着一张埃德蒙先生在歌德大剧院演出的巨幅彩照，他的身体猛然抖了一下，然后头也不回地跑远了。埃德蒙先生确信那位少年已经明白是怎么回事，因为没有哪一位主人会用管家的照片来装饰客厅。

那天黄昏，埃德蒙太太回到家，很快就察觉到异常，便忍不住问道：“亲爱的，你心爱的小提琴坏了吗？”

埃德蒙先生缓缓地说道：“哦，没有，我把它送人了。”

“送人？怎么可能！你把它当成了你生命中不可缺少的一部分。”埃德蒙太太有些不相信。

“亲爱的，你说得没错。但如果它能够拯救一个迷途的灵魂，我情愿这样做。”埃德蒙先生看见妻子并不明白他说的话，就将事情的经过告诉了妻子，然后他问道：“你觉得这么做有什么不对吗？”

妻子缓缓地说道：“你是对的，我真希望能对这个孩子有所帮助。”

3年后，在一次音乐大赛中，埃德蒙先生应邀担任决赛评委。在这次决赛中，一位叫里特的小提琴选手凭借雄厚的实力夺得了第一名！评判时，他一直觉得里特那张面容特别熟悉，但又想不起在哪里见过。

颁奖大会结束后，里特拿着一个小提琴匣子跑到埃德蒙先生的面前，红着脸庞问道：“埃德蒙先生，您还认识我吗？”埃德蒙先生摇摇头。

“您曾经送给我一把小提琴，我一直珍藏到今天！”里特热泪盈眶地说，“那时候，几乎每一个人都把我当成垃圾，我也以为自己彻底完了，但是您让我在贫穷和苦难中重新拾起了自尊，心中再次燃起了改变命运的熊熊烈火！今天，我可以无愧地将这把小提琴还给您了……”

里特含泪打开琴匣，埃德蒙先生一眼瞥见自己的那把阿马提小提琴正静静地躺在里面。他走上前紧紧地搂住了里特，3年前的那一幕顿时重现在埃德蒙先生的眼前，原来他就是“丹尼尔先生的外甥琼”！埃德蒙先生眼睛湿润了，少年没有让他失望。

埃德蒙先生正是用一颗包容之心宽恕了小男孩的“偷盗”行为，小男孩才能迷途知返，心中重新燃起改变命运的熊熊烈火，最后还取得了一定的成就。这就是宽恕的力量。假如当初埃德蒙先生没有包容小男孩的行为，狠心地将他抓起来，那么一个音乐人才将被彻底地毁灭。这样的结局不管是对小男孩里特还是对埃德蒙先生来说，都没有任何好处。所以，我们要有包容之心，不仅要包容他人的过错，而且还要包容自己的过失。

包容是一种智慧，是一种以博大的胸怀为基础的智慧。大海之所以为大海，是因为它能容纳百川之水。“宰相肚里能撑船”，说的就是做人要有包容万事万物之心。一个人的心胸有多广，他的舞台就有多大；包容有多少，他拥有的就有多少。

包容是一门精深的艺术，只有品尝到了其中的滋味，包容他人之举，真正地拥有那份广阔的心胸、那份坦然、那份自然，才是活出了真正的人生。试着用包容的心去对待他人，用感恩的心去对待生活，或许某一天，你会猛然发现：生活，原来可以如此美妙。

1862年的一天，美国著名的黑人律师约翰·马克将要上台发表演讲，此时有人告诉他，在场的听众绝大多数都是白人，并且其中很大一部分对黑人存有偏见，希望他予以重视。得到这个消息后，约翰·马克马上修改了演讲的开场白……

只见他风度翩翩地走到演讲台前，说："女士们，先生们，我到这里来与其说是发表演讲，不如说是给这一场合增添一点儿'色彩'……"

听到这一独特的、具有自嘲色彩的开场白，听众都大笑起来，原本严肃的气氛一下子活跃起来，对立的情绪也消解了很多。

开场白后的演说言辞虽然激烈，但听众中没有出现过激的反应，演讲取得了巨大的成功。这就是演讲史上的著名篇章——《要解放黑人奴隶》。

食多伤身，气多伤神，你就别为这种事生气啦，有句话说得好：生气是拿别人的错来惩罚自己。

适度宣泄，懂得包容

自嘲调节，微笑置之

蒙田说：“经常谈论自己的人常受损。自责往往被人信以为真，自赞决不会受人相信。”在日常生活中，我们常常面临一些窘境，我们的心理就好像一个特别敏感的天平一样，如果稍有一些变化，调节不好的话，就会失去先前的平衡，就会感到郁闷不已，情绪也会低落。在这种情况下，如果我们运用自嘲的方式进行调节，那么就可以使心理天平保持平衡。

自嘲是宣泄积郁、制造心理快乐的一种良方，也是一种反嘲别人的武器。它可以化解尴尬；可以让郁闷的情绪远离自己；可以让自己不再生气，恢复好心情；可以增强一个人的幽默感……当一个人遇到不公正的待遇或受到不合理的评价，而心中的气愤又不便直接说出口时，自嘲不失为一种好办法。

有一位大龄青年，人长得不错，但家里条件非常拮据。他见过好几个对象，但别人都因他家太穷而拒绝了他。村子里有些人因此而讥讽他，说："你择偶太挑剔了。"不料，他自嘲道："论模样咱属'三等残疾'，说家境咱是'第三世界'，我哪敢挑剔啊？"

故事中的大龄青年遭遇相亲失败后，心情本来就不好，不料，有人还因此而取笑他。面对他人的取笑，大龄青年并没有生气，也没有反唇相讥，而是采用一种自嘲式的口吻回答别人的嘲笑，既巧妙地暗示了自己相亲失败的真正原因，又倾吐了自己内心的郁闷。假如他因别人的讥笑而生气，那么真可谓得不偿失，不仅伤了自己的身体，还让别人看笑话。

生活中总有一些人听到别人的冷言冷语后，心里大为不快，或者听之任之，把气藏在心里；或者对他人反唇相讥，以达到"刺伤"别人的目的。然而，这两种方法都不足取。如果把气藏在心里，时间一久，人就容易生病，影响自己的健康；如果反唇相讥，别人必然会用更恶毒的话语来辩驳。所以，在这种情况下，最好的方式就是采取一种自嘲的方式来面对别人的冷言冷语，这样既能化解窘境，又能让他人刮目相看。

著名漫画家韩羽是秃顶，他曾写了这样一首《自嘲》诗："眉眼一无可取，嘴巴稀松平常，唯有脑门胆大，敢与日月争光。"我们读了这首诗，忍俊不禁。通过这首《自嘲》诗可以了解到韩羽先生乐观、大度的处世态度。一般情况下，那些有幽默感的自嘲是对自己缺陷的夸张，不仅能表现出一个人坦诚的品格，还能得到他人的信赖和好感。

里根访问加拿大时，在一座城市发表演说。但在演说过程中，有一群明显带有反美情绪的人不时地打断他的演说。里根是作为客人到加拿大来访问的，皮埃尔·特鲁多作为加拿大的总理，对听众这种举动感到非常尴尬。

面对这种情况，里根反而面带笑容地对他说道："这种情况在美国是经常发生的，我想这些人一定是特意从美国来到贵国的，他们可能想使我有一种宾至如归的感觉。"

听到这些话，特鲁多的尴尬心情一下子轻松了许多。

面对自己不受加拿大人民欢迎这种情况，里根总统并没有生气，而是以一种轻松幽默的口吻进行自嘲，并将加拿大人民与美国人民联系在一起，既解除了自己的窘境，又让特鲁多尴尬的心情变得轻松起来。

有关心理学家认为："一个人的身体状态是受其心理和精神状态所影响的，大约有一半以上的疾病都是由心理和精神方面引起的。"所以，掌握心理平衡对人的身体健康特别重要。

我们每个人在生活当中都会遇到一些使人十分难堪的局面。当遇到窘境时，应该怎样冷静地应对？应该如何调整自己的心情呢？"自嘲"便是一剂平衡自我心理的灵丹妙药。所以，我们要恰当地运用"自嘲"这种方式。

有一次，苏格拉底正在和学生讨论学术问题

时，他的妻子气冲冲地跑进来，把苏格拉底大骂了一顿之后，又出去提来一桶水，猛地泼在苏格拉底身上。

在场的学生都惊呆了，以为苏格拉底会怒斥妻子一番，但出乎大家意料的是，苏格拉底摸了摸浑身湿透的衣服，风趣地说："我知道，打雷以后，必定会下大雨的。"

停止抱怨，活出自我

在茶余饭后的聊天中，我们常常可以听见一些人满腹牢骚。他们总是抱怨自己工作职位低，赚钱少，老板太苛刻；抱怨生活不如意，老婆不温柔，不善解人意；抱怨孩子不听话，学习成绩不好……总之，他们遇到一点儿不如意的事，就抱怨不停，以泄私愤。

喜欢抱怨的人，总认为自己是强者，只有自己才是对的；喜欢抱怨的人，总能找到借口，为自己的行为进行开脱……抱怨是一种消极的情绪，解决不了任何实际问题。

有一个年轻的农夫，每天划着小船，给另一个村子里的居民运送自家农产品。有一天，天气酷热难耐，农夫汗流浃背，苦不堪言。

在这样燥热的天气里，农夫心急火燎地划着小船，希望赶紧完成运送任务，以便在天黑之前能返回家中。就在这时，农夫突然发现，前面有一只小船，沿河而下，迎面向自己快速驶来。眼看两只船就要撞上了，但那只船却丝毫没有避让的意思，似乎是有意要撞翻农夫的小船。

农夫向对面的船大声地吼叫道："让开，快点让开！你这个白痴！再不让开你就要撞上我了！"

可是，农夫的吼叫完全没用，尽管他手忙脚乱地企图让开水道，但为时已晚，那只船还是重重地撞上了他的船。

农夫霎时被激怒了，他厉声斥责道："你会不会驾船，这么宽的河面，你竟然撞到了我的船上！"然而，当农夫怒目审视对方的小船时，他吃惊地发现，小船上竟空无一人。原来，听他大呼小叫、厉声斥骂的只是一只挣脱了绳索、顺河漂流的空船。

农夫大声斥责对方，以泄自己心头之愤。可出人意料的是，那小船上竟然空无一人。我们也一样，多数情况下，当你责难、怒吼的时候，你的听众也许只是一只空船。那个一再惹怒你的人，绝不会因为你的斥责而改变他的航向。抱怨不如改变，我们与其抱怨命运不公平，倒不如从现在开始努力改变。如果你努力改变现状，也许你的生活将是另一番天地。

据说，有一个寺院的住持立下了一条特别的规定：每到年底，寺院里的和尚都要对住持说两个字。

第一年年底，住持问新来的和尚："你心里最想说什么？"

那个新来的和尚说："床硬。"

第二年年底，住持又问他："你心里最想说什么？"

这个和尚回答说："食劣。"

第三年年底，这个和尚还没等住持问便说："告辞。"

住持望着他的背影自言自语地说："心中有魔，难成正果，可惜！可惜！"

从故事中我们得知：那个和尚一直以一种消极的心态对待世事，不能安于现状，只是一味地抱怨。然而，他的抱怨却让他失去了修成正果的机会。可想而知，抱怨会让我们失去多少机遇。

抱怨不仅如此，它还像流行感冒一样传染给别人。因此，生活中，我们不喜欢跟爱抱怨的人在一起，而喜欢跟自信乐观的人在一起。因为常常跟爱抱怨的人在一起，很容易变得萎靡不振，对生活失去信心；跟乐观的人在一起，会觉得生活美好起来了，所有的不幸和困难，都会在我们的勇气面前藏匿起它们的身影。其实，抱怨跟乐观都源于心态，假如那些牢骚满腹者以积极的心态，换个角度去看问题，那么相信他的心情很快就会好起来。

中国著名的国画家俞仲林擅长画牡丹。有一次，某人慕名前来，请俞仲林亲自为他画了一幅牡丹画。那人非常高兴，回去以后，立即把牡丹画挂在客厅里。

有一天，那人的一位朋友来他家玩，看到了那幅画，大呼不吉利。因为这朵牡丹没有画完全，缺了一部分，而牡丹代表富贵，缺了一角，岂不是"富贵不全"吗？

那人一看也大为吃惊，认为牡丹缺了一边总是不妥，于是就拿回去准备请俞仲林重画一幅。俞仲林听了他的理由，便灵机一动，说道："既然牡丹代表富贵，那么缺一边，不就是'富贵无边'了吗？"那人听了俞仲林的解释，觉得有理，便高高兴兴地捧着画回去了。

同一幅画，因为心态变了，看法也就变了。如果你像那人的朋友一样用一种消极的眼光去看待生活，毫无疑问，你将觉得生活中处处都不如意；如果你像画家俞仲林那样用一种积极乐观的心态去看待生活，那么你的生活将幸福美满。因此，我们应该持一种积极的心态，多往好处想，不要看什么都不顺眼，这样就会少很多烦恼、苦痛、牢骚，多一些开心、快乐。

泰戈尔说："如果错过了太阳时你流了泪，那么你也要错过群星了。"停止抱怨吧，做一个开心、快乐的人。

有一次，惠施要去梁国做宰相，渡河时，不小心落水。

船长救起他后说："看你落了水，就一点儿办法也没有！像你这样的人，怎么还能做一国的宰相呢？"

惠施笑了笑，说："摇船、凫水，我不如你，但治理国家你怎能和我相比呢？"

第四章 向前看，阳光依旧灿烂

在这个世界上，有许多事情是我们难以预料的。但我们唯一能把握的就是现在，也只有把握住了现在，向前看，我们才能看见那依旧灿烂、明媚的阳光。

阳光总在风雨后

在生活中，我们常常会被暂时的困难所打倒，在困难袭击我们的时候，会感觉笼罩在我们身边的似乎只有无边的黑暗。其实不然，黑暗只是暂时的，风雨过后，迎接我们的将会是那最灿烂的阳光。

一座泥像立在路边，历经着风吹雨打。

它很想找个地方避避风雨，然而它却动弹不得，更无法呼喊。它太羡慕人类了，它觉得做一个人真好，可以无忧无虑、自由自在地到处奔跑。

有一天，一位长髯老者路过此地，泥像用它独有的神情向老人发出呼救："老人家，请让我变成个人吧！"长髯老者看了看泥像，微微笑了笑，然后长袖一挥，泥像果然立刻变成了一个活生生的青年。

"你要想变成个人可以，但是你须先跟我试走一下人生之路，假如你承受不了人生的痛苦，那么我马上会把你还原。”老者说。

于是，青年跟随老者来到了一座悬崖边。只见两座悬崖遥遥相对，此崖为“生”，彼崖为“死”，中间由一条长长的铁索桥连接着。而这座铁索桥，又由一个个大大小小的铁链环组成。

“现在，请你从此岸走到彼岸吧！”老者长袖一拂，青年已经来到了铁索桥上。

青年战战兢兢，踩着一个个大小不同的链环的边缘小心地前进着，然而，他的脚下一滑，一下子跌进了一个链环之中，顿时两脚悬空，胸部也被链环死死地卡住，几乎透不过气来。

“啊，好痛啊！快救命啊！”青年挥舞着双臂，大声喊救命。

“请君自救吧！在这条路上，能够救你的，只有你自己。”长髯老者微笑着说。

青年得不到帮助，只好拼命地扭动着身躯，奋力挣扎，好不容易才从这痛苦的铁环中挣扎出来。

“这是什么铁环，为什么卡得我如此痛苦？”青年愤愤道。

“我叫名利之环。”脚下的铁环答道。

青年继续朝前走。忽然，隐约间，一个绝色美女朝青年嫣然一笑，然后又飘然离去，不见了踪影。青年这一走神，脚下又是一滑，又跌入一个环中，被死死卡住。

“救命啊！好痛啊！”青年忍不住再次求救，可是四周一片寂静，没有人回应他，也没一个人来救他。

这时，长髯老者再次出现，对他微笑着，缓缓说道：“这条路上没有人可以救你，你只能自救。”

青年无奈，只能拼尽全力自救，好不容易才从这个环中挣扎了出来。此时他已经精疲力竭了，他小心地坐在两个链环间喘息。

“刚才这又是什么环呢？”青年在琢磨。

“我叫美色链环。”脚下的铁环答道。

经过一阵休息，青年心中充满了幸福愉快的感觉。他在为自己能够从链环中挣扎出来而庆幸。

青年继续赶路。然而，意想不到的是，他接着又掉进了贪欲链环、嫉妒链环、仇恨链环……待他从这一个个痛苦的环之中挣扎出来时，青年早已经疲惫得不成样子了。他抬头望去，看到前面还有望不到尽头的漫漫长路，他再也没有勇气继续走下去了。

“老人家！老人家！我不想再走人生之路了，你还是让我回到从前吧！”青年痛苦地呼唤着。

长髯老者再次出现，他长袖一挥，青年又回到了路边。

“人生虽然有许多痛苦，但也有战胜痛苦之后的欢乐和轻松，你难道真的想放弃人生吗？”长髯老者问道。

“人生之路痛苦太多，欢乐跟愉快太短暂太少了，我决定放弃人生，还做我的泥像。”青年毫不犹豫地回答。

“走人生之路是一个机会，也是你改变泥像命运的唯一一次机会……既然如此……好吧！”长髯老者欲言又止。

“我就做泥像！”青年不假思索地说。

这时，长髯老者平静而又仔细地看了青年一眼。只见，长髯老者长袖一挥，青年又还原为一尊泥像。

“我又可以在这里看风景了，这也很不错嘛，我从此再也不必遭受人世间的痛苦了！”泥像这样想着。

然而不久，一场大雨袭来，泥像当场便被雨水冲成了一堆烂泥。

英国前首相丘吉尔说过：“勇气很有理由被当作人类德性之首，因为这种德性保证了所有其余的德性。”俄国大诗人普希金说：“勇敢是人类美德的高峰。”英国哲学家培根说：“如果问，人生中最重要的才能是什么？那么回答则是：第一，无所畏惧；第二，无所畏惧；第三，还是无所畏惧。”可见，勇气是人类战胜一切困难的力量，勇气是想成为一个优秀的人的必备条件。

青年因为没有勇气忍受痛苦，所以选择了放弃，最后，当然他也就没有了享受快乐的机会和权利。其实，人生路上的痛苦与快乐是形影相随的，拥有痛苦的同时，也是等待快乐来临的开始，正所谓“阳光总在风雨后”。

自从上学以后，乔伊就是被同学们嘲弄的对象。也难怪，放学后，别的18岁的男孩子都做些打篮球、棒球这些“男子汉”的运动，可乔伊却要去学小提琴！这都是因为他的母亲“望子成龙”心切。在那个年代，黑人还很受歧视，他的母亲希望儿子能通过某种特长改变命运，所以从小就送乔伊去学琴。那时候，对于一个普通家庭来说，每周50美分的学费是笔不小的开销，但老师说乔伊有天赋，乔伊的母亲觉得为了孩子的将来，省吃俭用也值得。

但他的同学们不明白这些，他们给乔伊取外号叫“娘娘腔”。一天，乔伊实在忍无可忍，就用小提琴狠狠地砸向取笑他的家伙。一片混乱中，只听“咔嚓”一声，小提琴裂成了两半儿——这可是他的母亲节衣缩食为他买的。泪水在乔伊的眼眶里打转，周围的人一哄而散，边跑边叫：“娘娘腔，拨琴弦的小姑娘……”只有一个同学既没跑，也没笑，他叫瑟斯顿。

别看瑟斯顿长得比同龄人高大魁梧，一脸凶相，其实，他是个热心肠的好人。虽然瑟斯顿还在上学，但他已经是当时底特律“金手套大赛”的卫冕冠军了。“你要想办法长出些肌肉来，这样他们才不敢欺负你。”他对沮丧的乔伊说。瑟斯顿不知道，他的这句话不但改变了乔伊的一生，甚至影响了美国一代人的观念。虽然日后瑟斯顿在拳坛没取得什么惊人的成就，但因为这句话，他的名字被载入了拳击史册。

当时，瑟斯顿的想法很简单，就是带乔伊去体育馆练拳击。乔伊抱着支离破碎的小提琴跟着瑟斯顿来到了体育馆。“我可以先把旧鞋和拳击手套借给你，”瑟斯顿说，“不过，你得先租个衣箱。”租衣箱一周要50美分，乔伊口袋里只有母亲给他这周学琴的50美分，不过琴已经坏了，也不可能马上修好，更别说去上课了。乔伊狠狠心租下了衣箱，把小提琴放了进去。

开头几天，瑟斯顿只教了乔伊几个简单的动作，让他反复练习。一个礼拜快结束时，瑟斯顿让乔伊到拳击台上来，试着跟他对打。没想到，才第三个回合，乔伊一个简单的直拳就把“金手套”瑟斯顿击倒了。爬起来后，瑟斯顿的第一句话就是：“小子，把你的琴扔了！”

乔伊没有扔掉小提琴，但他发现自己更喜欢拳击，每周50美分的小提琴课学费成了拳击课的学费，他的母亲巴罗斯太太懊恼了一阵后，也只好听之任之。不久乔伊开始参加比赛，并渐渐崭露头角。为了不让母亲为他担心，乔伊悄悄把名字改成了“乔治”。

5年以后，23岁的乔治已经成了重量级世界拳王。1938年，他击败了德国拳手施姆林，当时德国还在“纳粹”的统治之下，因此，乔治的胜利意义更加重大，他成了反法西斯者心中的英雄。但是，他的母亲一直不知道人们说的那个黑人英雄就是自己“不成器”的儿子。

可见，只要我们多一些韧劲，坚持不懈地努力拼搏，并以乐观的态度看待挫折，阳光就一定会属于我们!

爱迪生小时候家里非常贫困，为了维持生活，他不得不在火车上卖报纸。有一次，爱迪生在火车上卖报时，他的耳朵被一个粗暴的火车管理员打坏了。从那以后，爱迪生就成了聋子。

后来，爱迪生却笑着说：“我真得感谢那位先生，在这个嘈杂的世界上，是他使我清静下来，不必堵着耳朵去搞实验了。”

阳光总在风雨后

摆脱心灵的羁绊

世界上有很多问题都是来自自己的心灵，世间的痛苦和烦恼也是如此。一个人必须摆脱心灵的羁绊方能得以成长，否则，就会死无葬身之地，就像下面实验中的跳蚤一样。

苏里往一个玻璃杯里放进一只跳蚤，他发现跳蚤立即轻易地跳了出来。再重复几遍，结果还是一样。根据测试，跳蚤跳的高度一般可达它身体的400倍左右。

接下来，苏里再次把这只跳蚤放进杯子里，不过，这次是在杯上加了一个玻璃盖，“嘣”的一声，跳蚤重重地撞在玻璃盖上。跳蚤十分困惑，但是它不会停下来，因为跳蚤的生活方式就是“跳”。一次次被撞，跳蚤开始变得聪明起来了，它开始根据盖子的高度来调整自己跳的高度。过一阵子以后，苏里发现这只跳蚤再也没有撞击到这个盖子，而是在盖子下面自由地跳动。

一天后，苏里开始把这个盖子轻轻地拿掉，跳蚤还是在原来的这个高度继续跳。其实，此时跳蚤完全能够跳出杯子了。

三天以后，苏里发现这只跳蚤还在那里跳。

许多人在年轻时意气风发，屡屡去追求成功，但是往往在几次失败以后，他们不是千方百计地去追求成功，而是一再地降低成功的标准，即使原有的一切限制已取消。就像故事中的“玻璃盖”虽然被取掉，但那跳蚤却早已被撞怕了，或者已习惯了，不再挑战新的高度了。

一根小小的柱子和一条细细的链子，拴得住一头几千斤重的大象，这不是一件看似很荒谬的事情吗？但这种现象在泰国却屡见不鲜。驯象师们在驯象之前，他们将无论是大象还是小象，都用一条铁链拴在水泥柱或者钢柱上。此时，大象或者小象都不会心甘情愿地被拴住，它们会拼死挣扎，但无论它们怎么挣扎，都无法摆脱铁链，所以，它们就会开始慢慢习惯这种被拴住的生活。即使驯象师以后用很细的、对它们来说根本没有任何威胁的铁链来拴它们时，它们也不会再挣扎一下了，因为在它们的心里，它们是永远都挣脱不了这根铁链的。

可见，大象并不是被铁链给拴住了，而是被它们心灵设的限拴住了。

从前，有一个猎手非常喜欢在冬天打猎。这天，天气异常寒冷，猎手取出他的猎枪，裹得严严实实，准备到几十里外的乡下去打猎。如果足够幸运，能够猎到一只鹿的话，那么这个冬天就不用再为食物发愁了。在他到达乡间野地不久，他就惊喜地发现了鹿留下的痕迹。猎手压抑不住内心强烈的追捕欲望，片刻停留后，立即跟踪着痕迹，向鹿逃离的方向追去。

不久，在鹿痕的引导下，猎手来到了一条结冰的河流跟前。这是一条相当宽阔的河流，河面完全被冻冰所覆盖。猎手无法判定冻冰能否承受得住他的体重，虽然冰面上明显地留下了鹿走过的踪迹，但猎手不知道这只鹿是大鹿还是小鹿。尽管冰面能够承受得住一只鹿，但能否承受得了一个人，猎手并没有把握。

最终，捕鹿的强烈愿望使猎手决定，涉险跨过河流。

猎手伏下他的双手和膝盖，开始小心翼翼地在冰面上爬行起来。当他爬行到将近一半的时候，他的思维开始极度活跃起来。他似乎听到了冰面裂开的声音，他觉得自己随时都有可能跌落下去。在这人迹罕至的荒郊野外，一旦跌入冰下，除了死亡外，不会再有第二种情况出现。巨大的恐惧向猎手袭来，此时，鹿已经勾不起他的兴趣了，他只想返回去，回到岸上。但他已经爬行得太远了，无论是爬到对岸还是返回去，都危险重重。他的心在惊恐中“怦怦”地跳个不停，猎手趴在冰面上瑟瑟发抖，进退两难。

就在此时，猎手听到了一阵嘈杂声。当他心惊肉跳地向上望过去时，他看到，一个农夫驾着一辆满载货物的马车，正悠然地驶过冰面。

不得不承认，很多时候我们在生活中踌躇不前、徘徊忧虑时不是因为外界的阻挡，而是受自己心灵的羁绊，最后才导致我们裹足不前！在我们的成长过程中，来自心灵的羁绊往往要比现实生活中的困难更可怕。

摆脱心灵的羁绊，不要自我设限！每天都大声地告诉自己：我是最棒的，我一定会成功！这样，你就会摆脱心灵的羁绊。

笑看人生

美国前总统艾森豪威尔在担任哥伦比亚大学校长时，有一次参加一个宴会，他被安排为最后一个发言的人。前面几位发言者口若悬河、洋洋洒洒，讲了很长时间。

轮到他发言了，他放弃了准备演说的内容，走上台说："天下的演讲无论如何都少不了标点符号，今晚，我用的是句号。"说完便鞠躬下台。

拥有一个好心情

心情好，一切都会好。但是，很多人还是没有意识到心情与生活质量的关系。那么，好心情是怎样得来的呢？学会发现和欣赏生活中的美就是其中之一。假如你懂得欣赏生活中的美，所有的烦恼就会慢慢地消失，你会变得平静、快乐，压力也会离你而去。

在亚里桑那沙漠度过第一个夏天，保尔觉得自己会被热死，因为那里炽热的高温都快把马铃薯烤熟了。刚刚到四月份，保尔就开始为如何过夏天担忧起来，3个月炼狱般的生活马上就要来了。

一天，他开车到小镇的加油站加油，无意中和主人马克先生聊起这里可怕的夏天。

“哈哈，为过夏天担忧，真有那个必要吗？”马克先生说，“对炎热的害怕，只会使夏天来得更早，结束得更晚。”

保尔付钱时，他意识到马克先生的话很对。在自己的感觉里，夏天不是早已经来了吗？

“这个该死的夏天，又将是3个月的热浪肆虐!”保尔心里嘀咕着说。

“像迎接一个惊人的喜讯那样对待酷暑的来临吧，”马克先生一边说着，一边给保尔找零钱，“千万别错过夏天送给我们的各种最美好的礼物……”

“这该死的夏天还能给我们带来最美好的礼物？”保尔急切地问。

“难道你从来没在早晨5点至6点起过床？你想想，六月的黎明，整个天空挂着漂亮的玫瑰红，就像少女羞红的脸；七月的夜晚，满天繁星就像深蓝色的海水：一个人只有在常人无法承受的高温中跳进水里，他才能真正体会到游泳的乐趣……”

当马克先生去给另一辆车加油时，站在一旁的年轻加油工卡特微笑着对保尔说：“先生，今天你得到了马克的特别服务——他的人生哲学，这是你开车跑多少里路也无法学到的。”让保尔惊奇的是，马克先生的话果然有效，他不再害怕夏天的来临了。

当高温天气真的到来时，清晨，保尔在天堂般的凉爽中修剪草坪与花木；中午，他和孩子们舒舒服服地在家里睡觉；晚上，他和孩子们在院子里踢足球，吃冰淇淋，喝冷饮，真是痛快极了。

整个夏天，保尔就在这种愉快的生活中悄然度过。

生活中，常常有人抱怨：快乐究竟在哪里，它为什么总与我擦肩而过，与我无缘呢？其实，不是快乐与你无缘，而是你的贪欲太大。

马可是美国一家餐厅的经理，他脸上常常挂着笑容。当别人问他最近过得怎么样时，他总是乐呵呵地回答道：“如果我再过得好一些，我就比双胞胎还幸运了！”

当他换工作的时候，许多服务生都跟着他从这家餐厅换到另一家，为什么呢？因为马可天生就是个激励者，如果有某位员工今天运气不好，马可总是适时地告诉那位员工往好的方面想。

看到这样的情景，一位记者感到很好奇。因此，有一天，记者找到马可，问道：“我不懂，没有人能够老是那样积极乐观，你是怎么做到的？”

马可回答：“每天早上，我起床后就告诉自己，我今天有两种选择，可以选择好心情，也可以选择坏心情，但我总是选择前者。即使有不好的事发生，我也可以选择做个受害者或是选择从中学习，我总是选择从中学习。每当有人跑来向我抱怨，我可以选择接受抱怨或者指出生命的光明面，我总是选择指出生命的光明面。”

“但并不是每件事都那么容易啊！”记者试探着说。

“的确如此，”马可说，“生命就是一连串的选择，每个状况都是一个选择，你选择如何响应，你选择人们如何影响你的心情，你选择处于好心情或是坏心情，你选择如何过你的生活。”

一年后，马可意外遭遇了一件不寻常的事：

有一天，马可忘记关上餐厅的后门，结果早上3个武装歹徒闯入抢劫，他们要挟马可打开保险箱，由于过度紧张，马可弄错了一个号码，这给抢匪带来了惊慌，于是抢匪开枪射击马可。幸运的是，马可很快就被邻居发现，并被送到医院抢救，经过18小时的外科手术，以及精心的照顾，马可终于出院了，尽管还有颗子弹留在他身上……

事件发生6个月之后，那位记者遇到马可，问他最近怎么样。马可回答：“如果我再过得好一些，我就比双胞胎还幸运了。要看看我的伤痕吗？”

记者婉拒了，又问马可当抢匪闯入的时候，他的心里是怎样想的。马可答道：“我想到的第一件事情是我应该锁后门的，当他们击中我之后，我躺在地板上，还记得我有两个选择：我可以选择生，也可以选择死，但我选择活下去。”

“你不害怕吗？”记者问。

马可继续说：“医护人员真了不起，他们一直告诉我没事。但是当他们将我推入紧急手术间的路上，我看到医生跟护士脸上忧虑的神情，我真的被吓倒了，他们的眼睛里好像写着：他已经是个死人了。我知道我需要采取行动。”

“当时你做了什么？”记者问。马可说：“嗯！当时有个护士用吼叫的音量问我一个问题，她问我是否会对什么东西过敏。我回答‘有’。这时医生跟护士都停下来等待我的回答。我深深地吸了一口气喊着‘子弹’！听他们笑完之后，我告诉他们‘我现在选择活下去，请把我当作一个活生生的人来开刀，而不是一个活死人’。”

无论如何，我们都要拥有一份好心情。因为，只要你保持乐观的心态，用“心”微笑，你就可以拥有无限的活力，你的人生也将因此而更加精彩。

有一次，施姆尔急急忙忙地赶往火车站，但他到达火车站时，只看到了火车的尾灯。

服务人员见到他，漠不关心地说：“您误了火车？”

施姆尔回过头来，对服务人员淡淡一笑，并说：“不，是我把火车吓跑了！”

相信自己的能力

当一个人不相信自己的能力时，他做任何事都不会成功，正如没有脊椎骨的人永远都站不起来一样。

世上没有什么真正的困难可以阻挡一个勇敢者、坚毅者的前进步伐。不相信自己的能力而退缩，是永远也不会取得成功的。其实，每个人都有自己的芳香，如果想作出一番成就，就必须相信自己的能力。

安徒生在很小的时候，他的父亲就去世了，留下他和他母亲相依为命。

有一天，他和一群小孩获邀到皇宫里去晋见王子，请求赏赐。他满怀希望地唱歌，朗诵剧本，希望他的表现能获得王子的赞赏。

等到表演完后，王子和蔼地问他："你有什么需要我帮助的吗？"

安徒生自信地说："我想写剧本，并在皇家剧院演出。"

王子把眼前这个有着小丑般大鼻子和一双忧郁眼神的笨拙男孩从头到脚看了一遍，对他说："背诵剧本是一回事，写剧本则是另外一回事，我劝你还是去学一项有用的手艺吧！"

但是，安徒生相信自己的能力，相信自己一定能够成就自己的梦想。他回家后，非但没有去学糊口的手艺，还打破了他的存钱罐，向母亲道别，到哥本哈根去追寻他的梦想了。他在哥本哈根流浪，敲过所有哥本哈根贵族家的门，虽然他屡次被拒绝，但是，他从未想到过退却。他一直坚持写史诗、爱情小说，尽管未能引起人们的注意，他也伤心过，但他告诉自己：我相信自己能够成功，即使有再多的困难，我仍旧要坚持写下去！皇天不负有心人，他终于做到了。

1825年，安徒生随意写的几篇童话故事，出乎意料地引来了儿童的争相阅读，许多读者还渴望他的新作品能够发表，这一年，他30岁。

直至今天，《皇帝的新装》《丑小鸭》等许多童话故事还在陪伴着世界各国的儿童共同成长。

曾经我们也有过自己的梦想，但当我们遇到许多挫折时，我们往往便不再相信自己的能力，所以一场仗还没开始打，我们就认输了。如果我们能够像安徒生一样多一点儿自信与执著，相信自己能梦想成真，那我们就有成功的可能。

曾有一位著名的漫画家，连初中都没有毕业，在15岁的时候，就带着用投漫画稿的方式赚来的250元稿费，到台北画漫画，闯天下。

当他打算到光启社求职时，他看到光启社的求才广告上有“大学相关科系毕业”这一项条件，于是他傻眼了。不过他仍旧相信自己的能力，没有理会学历限制而加入了应征的行列。结果他击败了另外29名应征的大学毕业生，进入了光启社。

之后，他在漫画界异军突起，尤其《庄子说》《老子说》系列更被译成世界各国文字向国外输出，他也一度成为全台湾纳税额最高的作家之一，他本人也颇以此为荣。那么到底是什么原因，使他在连初中都没读完的情况下，有勇气踏入这个文凭至上的社会的呢?

他说：“做人最重要的就是要相信自己的能力。”他也正是凭借这句话，在他的奋斗史上画下了圆满的一笔。

相信自己的能力，对于追求成功的人来说是非常重要的。人的潜能是无限的，尤其是挫折更能激发人的这种潜能。

所以，要想成就一番事业，不论你陷于何种困境之中，都一定要相信自己的能力。倘若自己都不相信自己，那你就不会获得任何人的信任，而且对自己来说，这也是一种背叛。我们要做环境的主人，而不是环境的奴隶。我们无时无刻不在改善自己的人生境遇，无时无刻不在向着目标迈进。那么，我们也应当坚定地对自己说：我们的力量足以使我们实现那项事业，绝对没有人可以夺走我们的内在力量!

笑看人生

鲁迅家里请了两个保姆，不知道为什么她们俩常常发生口角。终于有一天，鲁迅因受不了她们整天的吵闹，病倒了。

隔壁一个小姑娘不解地问道："先生，你为什么不呵斥她们？"

鲁迅微笑着回答："她们闹口角是因为彼此心里都有气，即使暂时压下去了，心里那股气也还是压不下去的，恐怕也要失眠。与其三个人或两个人失眠，还不如让我一个人失眠算了。"

第五章

有信念，长风破浪向前

信念，是人生旅途中的指路标。一个有信念的人，会像雄鹰一样展翅高飞、搏击长空。的确，一个以信念为纲的人，他同样有着李白“长风破浪会有时，直挂云帆济沧海”的豪迈与气魄！

顺境中，微笑面对人生

人生在世，总会遇到各种坎坷与羁绊，也许是因为人们已经习惯了这种终日面对挫折也要勇往直前的日子。所以，当人们的旅途趋向平坦时，人们却往往不知道该如何面对了，没了往日拼搏的斗志。曾经我们挥汗如雨，曾经我们洒泪成河，为的都是今天，现在我们身处顺境了，还要忧愁叹息吗？不是的，此时我们该做的是微笑！

无论曾经我们经历过多大的风浪，我们都要有乐观的精神，微笑着面对人生，这也是雅芳的总裁——钟彬娴——向我们传达的人生态度。

2006年，作为全国唯一获得直销试点的雅芳拿到了开展直销业务的通行证。雅芳的成功使我们很自然地想到一个女人，她就是雅芳的总裁——钟彬娴。

钟彬娴于1959年出生在加拿大的东部城市多伦多，一个中产阶级移民家庭里。她的父亲是出生在香港的一名建筑师，她的母亲是出生在上海的一位化学工程师，良好的家庭让她从小就受到了严格的教育。

据说，钟彬娴在读小学二年级的时候，非常渴望拥有一盒100色的画笔。父母与她达成了协议：如果她的考试全部得A，父母就买一套给她。为了得到那套画笔，钟彬娴把自己关在房间里温习功课，错过了很多网球比赛和生日派对。那年年底，她向父母交上了一份全部得A的成绩单——她也终于得到了梦寐以求的100色画笔。父母通过这种方式告诉她任何东西都需要有所付出才能得到，这使钟彬娴有了一种正确的价值观，也使她在以后的人生道路上，用一种乐观进取的态度去解决一切困难。

钟彬娴22岁时从美国普林斯顿大学毕业，获得英语文学优等学位。之后进入布鲁明岱百货公司工作，30岁时，便全面负责公司所有女装业务。在32岁时，与比她年长13岁的布鲁明岱百货公司CEO麦克·古尔德结婚。古尔德一直在管理当时雅芳公司的香水业务，婚后第二年，钟彬娴加入了雅芳。由于钟彬娴的果断和坚决，她做事的方法很快得到了当时雅芳的CEO普雷斯的赏识。

后来，钟彬娴以实际行动证明了自己的能力。1999年11月，雅芳公司第四季度的销售和赢利急剧下滑，致使股价猛跌了50%。不久，公司首席执行官查尔斯·佩林引咎辞职。

紧急关头，钟彬娴挺身而上，担任公司的CEO。钟彬娴的压力是巨大的，很多人都在看着她。几乎没有一点儿经营经验的她却一下子要掌管一家在137个国家和地区开展业务的公司。钟彬娴充分证明了自己的果敢和实力，她一任职就辞退了雅芳的广告代理商，并下令对包装进行全面的重新设计。她摒弃了雅芳繁多的地区性品牌，以“雅芳色彩”这个国际品牌代之，雅芳的产品品种因此锐减了35%～45%。钟彬娴改革的另一个标志就是销售方式的转变。1999年12月，钟彬娴在没有放弃直销方式的同时，提出通过零售点销售雅芳产品——这在雅芳110多年的历史中从未有过，雅芳产品专柜很快进入美国各地大型连锁店，运作一举成功。

现在的雅芳在钟彬娴的领导下，已经成为一家具备电子商务和其他销售渠道的女性化妆品公司。在大型购物中心设立的雅芳专柜，正吸引着那些从未购买过任何雅芳产品的年轻女性。工作繁忙的妇女们还可以更方便地购买雅芳商品：通过销售代表、商店或在网上购买。

当记者问到她为什么能够取得今天的成就时，她总会提到她的父母，而且特别提到她的父亲对她的影响。她的父亲在给她的一封信中曾经这样说道：“记住，成功的中国人具有和其他人不同的特质——所有事情都要努力做得最好；慷慨、公正、宽容，与人分享你的文化还要热情学习别人的文化。除此之外，还要记住：远离傲慢和自吹自擂；保持礼节、容忍、理解和对别人有同情心，还有最重要的，要化解你的怒气和悲痛，不是压抑它们，而是把它们转变成有帮助的、积极的情感。然而，无论你经历过多少苦难，都请记住，你终会走上坦途的，在顺境中，要微笑着面对人生。”

钟彬娴从小就从父母那获益，才使她拥有了今天如此辉煌的成就，她的父母教给她的不只是一种乐观的精神，还教会了她如何面对人生，品味人生中的快乐。

在有风浪的时刻，我们且要扬帆远航，现在，已风平浪静，我们何不收起自己内心的保护伞，来一次畅快的野游？我们没有必要每天都把自己封闭在一个小圈子里，让自己得不到快乐。封闭自己，扼杀自己的快乐，是一种慢性自杀。要知道，生活在顺境中是上天给我们的最大恩赐。

有一次，里根总统在白宫钢琴演奏会上讲话时，夫人南希不小心，连人带椅一起跌落到台下的地毯上，会场上立即爆发出一阵尖叫声。

南希红着脸，灵活地爬了起来，并在两百多名宾客的热烈掌声中回到自己的位子上。

里根看到夫人红扑扑的脸庞，顺口说道：“亲爱的，我告诉过你，只有在我没有获得掌声的时候，你才应该这样表演。”

顺境中，微笑面对人生

逆境中，喜迎幸运降临

遭遇逆境并不可怕，可怕的是当我们遭遇逆境后从此便一蹶不振，从此失去了再站起来的勇气！要知道：梅花之香，来自凛冽的寒风；松柏之翠，源于险峻的悬崖。这正如一句名言所说的："平静的湖面练不出强悍的水手，安逸的环境造就不出时代的伟人。"所以，逆境并非像我们想象的那样一副凶神恶煞的样子，它亦有它存在的价值，而且逆境更是激励我们展翅高飞、搏击长空的老师！

我们常常听到有人抱怨自己的环境不如别人，甚至会说自己连衣食问题都没着落，所以想学习是不可能的，给人的感觉亦是心有余而力不足的无奈，其实，这只不过是懒惰之人不愿意学习的一个借口罢了。

英国著名作家莎士比亚，是大家再熟悉不过的人物，但又有几个人真正知道他成名前的学习环境呢？莎士比亚原来只不过是替人看管马匹的，剧院中打杂工的而已，但他从未因自己身处逆境而怨天尤人，而是一有空闲便从剧院的门缝和小孔里偷看戏台上的演出，他凭着这种执著的“偷学”精神，终于使自己闻名于世。

逆境不是使人退缩的原因，它反而会给人一种不平凡的压力，这样的压力不同于家长给孩子的压力、老师给学生的压力，而是环境给人的一种更高一层的压力。它不是可以简单得到的，它对人的成功起着至关重要的作用。

在逆境中成长的例子不胜枚举，如在一些发达的大城市中，有不少20岁左右的青年，他们的父母都正值中年，家境颇为殷实，因为他们有可以依靠的臂膀，吃、穿、住都不用自己操心，所以他们不会独立生活，没有很强的上进心和事业进取心。而那些独自闯荡大城市的年轻人，他们早早就离开了家庭，不仅自己要在大城市寻求立足之地，还要力争去担负家庭的重任。这些年轻人有着很强的战胜逆境、走向成功彼岸的斗志。这一点，下面这个实验说明得更加确切。

有人把一只青蛙突然扔进沸水里，青蛙会奋力一跃，死里逃生。而同样是一只青蛙，把它放入温水中，然后再悄悄地给水加热。当青蛙察觉到水温升高危及生命时，它却再也无力跳出锅外。

人类有时也跟青蛙一样，在没有取得荣誉、生活条件贫困的情况下，我们会不懈努力，最后一跃而取得辉煌的成就，令所有人敬仰；但我们若是骄傲自大，那么我们就会在人们的掌声中迷失自己。

基利尔虽然是古希腊的一个奴隶，但他很有艺术方面的天赋。当他正从事一组雕塑的创作时，国家却颁布了一条法律：奴隶从事艺术创作要被判处死刑。但此时，基利尔把他的整个身心、灵魂和生命都投入到这组雕塑上了。

与此同时，基利尔的姐姐和他一样也遭受到了巨大的打击。但姐姐鼓励他说："到我们房子下面的地窖去，我给你点灯，给你食物，继续工作吧，上帝会保佑我们的！"

在地窖里，基利尔在姐姐的保护和参与下，夜以继日地进行着他那光荣而危险的工作。

不久，在希腊的雅典举行了一个艺术品展览会，由政府显要兼艺术家波力克主持，希腊当时最著名的雕塑家菲狄亚斯、哲学家苏格拉底以及其他有名的人物都参加了。

许多大师们的作品都在那儿，但是，有一组雕塑，比其他所有的作品都漂亮得多，它好像是阿波罗神自己的作品。这组大理石雕塑吸引着所有人的目光。艺术家们同声赞叹，心服口服，没有一点儿妒意。

"这组雕塑是谁的作品？"没有人说话，传令官又重复了这个问题，还是没有人回答。"怪了，难道这是一个奴隶的作品吗？"

在一阵骚动中，一个衣发散乱的美丽少女被拖了出来，她紧闭着嘴，眼中闪烁着坚定的神情。这个少女就是基利尔的姐姐。

"这个姑娘知道这组雕塑，我们肯定这一点，但是她不肯说出雕塑者的名字。"官员们喊道。

人们问基利尔的姐姐，但是她就是不肯说话。人们告诉她，她这样的行为是要被惩处的，但是她还是不说话。

“那么，”波力克说，“法律是强制的，我是执法大臣，把她关进地牢里去！”

这时，一个留着长发、面容憔悴，然而眼中闪耀着智慧光芒的年轻人冲到了波力克面前：“放了她吧，我是雕塑者。那组雕塑是我的作品，一个奴隶双手的劳动。”

人们鼓噪起来，他们呼喊着：“下地牢！下地牢！处死这个该死的奴隶！”

但是，波力克站了起来：“不！只要我还活着，就要保护那组雕塑！是阿波罗神用这组雕塑告诉我们，在希腊，有比一条不公正的法律更崇高的东西。法律最崇高的目标就是保护和发展美好的事物。雅典之所以能闻名世界，那就是因为它对不朽艺术的贡献。这位年轻人不应该下地牢，而应该站在我的身边！”

看到基利尔顺利渡过难关，最后走向充满光明的世界，此时，你对逆境是不是也有了新的看法呢？

“梅花香自苦寒来，宝剑锋从磨砺出。”无论你正身处逆境，还是已经走出了逆境的泥潭，都要记住：生活中我们遇到的每一个困难、每一次失败，其实都是走向成功的一块垫脚石。

欧内斯廷·舒曼·海因克平时胃口很好，长得很胖。尽管如此，她还是毫不在乎别人给她冠

以美食家的桂冠。

一天，欧内斯廷·舒曼·海因克正在一家饭店吃饭，正好碰上胃口很大的贪食者恩里科·卡鲁索。

她正要吃一块硕大的牛排时，恩里科·卡鲁索走上去问道："舒曼，你一定不会单独把那牛排吃下去吧？"

欧内斯廷·舒曼·海因克急忙说："不，不，当然不是单独吃。"说完，就咬了一口。

卡鲁索以为还有他一份，就准备坐下来。

但让他没想到的是，他还没坐下来，欧内斯廷·舒曼·海因克就接着说："单独吃没意思，我要和着马铃薯一块吃。"

在困境中，也要记得给自己机会

在困境中，也要记得给自己机会，无论这个机会使我们走向成功还是失败，都要再给自己一次机会！

在困境中，再给自己一次机会，实际上就是在面对困难时保持一份乐观积极的心态，让自己能够从困境中看到新的希望。

鲁冠球是中国万向集团总裁，曾在世界著名财经杂志《福布斯》统计的中国内地富豪榜中排名第四。他不仅是一个白手起家的企业家，而且是一个不怕困难、艰苦创业的强者。

鲁冠球出生在浙江省萧山市宁围乡，15岁时就已辍学，当了一个打铁的小学徒。经过3年的学习，他逐渐熟悉了机械农具，还对机械农具产生了一种特殊的情感。当时，宁围乡的农民到集镇上去磨米面，常常要走七八里地，很不方便。鲁冠球看到这种情况，就想如果在本村办一个米面加工厂，一定很受大家欢迎。他的想法很快就得到了亲戚、朋友们的支持，给他凑齐了3000元钱。鲁冠球于是买了一台磨面机、一台碾米机，办起了一个没有挂牌的米面加工厂。

然而，由于当时政府禁止私人经营，鲁冠球的米面加工厂被迫关闭。但他并没有因为这次打击而消沉，反而一脸笑容地面对。没过多久，鲁冠球又收了5个徒弟，以大队农机修配组的名义在镇上开了个铁匠铺，为附近的村民打铁锹、镰刀等，生意很红火。因此，他很快就获得了当地村民及有关领导的信任。

1969年，鲁冠球接管了宁围公社农机修配厂。这个农机修配厂只是一个仅有84平方米的破厂房，工厂产品大量积压，没有销路，工资已经半年没给工人发了，几乎到了支撑不下去的地步。

面对这些难题，鲁冠球没有愁眉苦脸，而是面带笑容积极地寻找问题的解决方法。他的笑容不仅给了自己鼓励，而且还带动了整个厂子的气氛，让厂里的员工都感觉这厂子有救了。

在大家的支持下，鲁冠球组织了30多名业务骨干，兵分几路，到处探听汽车万向节的生产销售情况，周旋于各地汽车零配件公司之间，为产品找到了销路。后来，他又将一个铁匠铺“改造”成汽车零部件生产企业，从而使农机修配厂一步一步地从困难中走了出来。

看到农机修配厂的生意越来越好，鲁冠球感慨万分地说：“面对挫折，我曾经也感到很失望。但我知道我必须用笑容来面对挫折，面对我的员工，只有凝聚大家的力量，才能摆脱困境。想到这里，我对人生又充满了激情和希望。”

在一次又一次打击面前，鲁冠球也有过悲伤、失望，但他在悲伤中又给了自己一次机会。只要生活还在继续，我们就应该像鲁冠球那样再给自己一次机会。

身处困境之时是我们最容易沮丧、放弃的时候，此时，不是我们真的被困难打败了，而是我们输给了自己，是我们没有再给自己一次尝试的机会。俞敏洪在一次演讲时曾说：“我有一个比喻，困难就像一条狗。小时候在农村，狗很多，当你遇到狗时，如果勇敢地迎着它走过去狗就会怕你，如果转头就跑，狗就会追你，说不定还咬你。狗的天性是你不怕它，它就怕你，你怕它，它就追你。困难也一样，迎着困难前进，困难通常就能解决，如果往后退，困难可能就会把你压倒。”

范·达因，原名威拉得·亨廷顿·莱特，美国推理小说之父，著有《菲洛·万斯探索集》，他出生在美国的一个普通家庭，由于家庭条件的限制，他不能出国深造，大学毕业后，就走入社会，谋职养家。

范·达因最初在一家杂志社上班，常常在报纸上发表文章，但仍然是无名的，没有人知道他的存在。那时，他甚至对自己的能力产生了怀疑，怀疑自己也许并不适合写作。

然而，就在这时，他又和杂志社老板发生了分歧，老板一怒之下，把他开除了。于是，他又开始四处求职，但很不顺利，工作一直没有着落，他的生活因此陷入了困境。

有一天，范·达因突然晕倒，不得不去医院检查。医生告诉他，他得了一种怪病，这种怪病在短期内没法痊愈，需要长期住院观察，并且还叮嘱他，住院期间，应该多休息，不能用脑过度，长时间的阅读是不利的。这个消息如同晴天里响了一个霹雳，把他的人生打入谷底，他甚至有些绝望了。

日子一天一天地过去，然而，他的病情却不见好转。他躺在病床上想：与其如此死掉，不如做点儿事情，给自己的人生留下点儿什么。于是，他想起医生的叮嘱——不能用脑过度，不能长时间阅读，那么短时间看看书总可以吧。

于是，范·达因找来很多包括爱情、推理、生活等方面的小说阅读。由于精神上得到慰藉，他的病情逐渐好转。两年后，他完全康复了。离开医院时，他竟然已经阅读了2000册小说。这些小说给了他巨大的创作灵感，于是他开始着手写推理小说。收获是惊人的，他住院的短短两年，同时也是他无意中潜心准备的两年。这一次，他成功了，《菲洛·万斯探索集》成为世界推理小说史上的经典巨著，全球销售量达到了8000万册。

在困难中，范·达因没有向困难低头，再次给了自己一个机会，最终取得了成功。其实，任何人都有或多或少的困境，并被其困扰着，只不过我们不知道他人的难处而已。然而，换一句话说，被困境困扰也没有什么大不了的，只要我们能够乐观地对待，换一个角度去看，你就会发现，困境已不再是困境，而是另一种机会。

有一天，素有“万兽之王”之称的狮子，来到了天神面前：“我很感谢你赐给我如此雄壮威武的体格，如此强大无比的力气，让我有足够的能力统治这片地区。”

天神听了，微笑着问：“但是，这不是你今天来找我的目的吧？看起来你似乎正为了某事而烦忧呢！”

狮子轻轻吼了一声，说："天神真是了解我啊！我今天来的确是有事相求。尽管我很强大，但是每天鸡鸣的时候，我总是会被鸡鸣声给吓醒。神啊！祈求您，再赐给我一种力量，让我不再被鸡鸣声给吓醒吧！"

天神笑道："你去找大象吧，它会给你一个满意的答复的。"

狮子急匆匆地跑到湖边找大象，还没见到大象，就听到大象跺脚所发出的"砰砰"响声。

狮子加速跑向大象，却看到大象正在气呼呼地跺脚。

狮子问大象："你干吗发这么大的脾气？"

大象拼命地摇晃着大耳朵，吼着："有只讨厌的小蚊子，总想钻进我的耳朵里，我都快痒死了。"

狮子离开了大象，心里暗自想着："原来体型这么巨大的大象，还会怕那么瘦小的蚊子，那我还有什么好抱怨的呢？毕竟鸡鸣也不过一天一次，而蚊子却每时每刻都骚扰着大象。这样想来，我可比它幸运多了。"

狮子一边走，一边回头看着仍在跺脚的大象，心想："天神要我来看看大象的情况，应该就是想告诉我，谁都会遇上麻烦事，而天神并无法帮助所有的动物。既然如此，那我只好靠自己了！反正以后只要鸡鸣时，我就当它是在提醒我该起床了，如此一想，鸡鸣声对我还算是有益处呢？"

在人生的路上，无论我们走得多么顺利，但只要稍微遇上一些不顺的事，就会习惯性地抱怨老天亏待我们，进而祈求老天赐给我们更多的力量，帮助我们渡过难关。但实际上，老天是最公平的，就像它对狮子和大象一样，每个困境都有其存在的正面价值。

只要我们有一颗不肯服输的心，在任何时候，都是满怀希望地笑对挫折，也再给自己一次挑战的机会，那么，我们终会看见胜利的曙光。

乔治·费多的《马克西姆家的姑娘》刚出版时，受到观众的冷遇。在一个蹩脚的首场演出的晚上，费多混在观众当中，同他们一起喝倒彩。

他的一个朋友拉住他，十分不解地说：“你一定是发疯了吧！”

乔治·费多解释说：“这样我才听不见别人的骂声，也不会太伤心。”

绝境中，寻找一线生机

芸芸众生，没有一个人的人生是毫无波澜的，在人生的长河中总会遭遇一些风浪，甚至会进入令人痛苦不堪的绝境。在绝境中，人往往会对自己说放弃，从此一蹶不振，成为生活中的失败者，痛苦不堪地度过自己的一生。但有成就的人，在绝境中从来不会对自己说放弃，他们总是寻找绝处逢生的机会，哪怕只有一线生机，他们也会牢牢抓住。他们用自己强大的生命力向命运挑战，最终战胜了绝境，成就了自己辉煌的人生。

困境是上天赐予我们的礼物，你只有微笑着去接受它，打开它，你才能真正地享受到上天的恩赐。

1791年，法拉第出生在伦敦市郊一个贫困的铁匠家里。他的父亲收入菲薄，还经常生病，子女又多，所以，法拉第小的时候连饭都吃不饱，有时他一个星期只能吃到一个面包，当然更谈不上去上学了。

法拉第12岁的时候，就上街去卖报，一边卖报，一边从报上识字。到13岁的时候，法拉第进了一家印刷厂当图书装订学徒工，他一边装订书，一边学习。工作之余，他就翻阅装订的书籍。有时甚至在送货的路上，他也边走边看。经过几年的努力，法拉第终于摘掉了文盲的帽子。

渐渐地，法拉第能够看懂的书越来越多。他开始阅读《大英百科全书》，并常常读到深夜。他特别喜欢电学和力学方面的书。法拉第没钱买书、买本子，就把印刷厂的废纸订成笔记本，摘录各种资料，有时自己还配上插图。

一个偶然的机会，英国皇家学会会员丹斯来到印刷厂校对他的著作，无意中发现法拉第的“手抄本”。当他知道这是一位装订学徒记的笔记时，大吃一惊，于是，他送给法拉第一张皇家学院的听讲券。

法拉第怀着极度兴奋的心情来到皇家学院旁听。作报告的正是当时赫赫有名的英国著名化学家戴维。法拉第瞪大眼睛，非常用心地听戴维讲课。回家后，他把听讲笔记整理成册，作为自学用的《化学课本》。

后来，法拉第把自己精心装订的《化学课本》寄给戴维教授，并附了一封信，表示：“我愿逃出商界而入科学界，因为据我的想象，科学能使人高尚而可亲。”

收到信后，戴维深受感动。他非常欣赏法拉第的才干，决定把他招为助手。法拉第非常勤奋，很快掌握了实验技术，成为戴维的得力助手。

半年以后，戴维要到欧洲大陆进行一次科学研究旅行，访问欧洲各国的著名科学家，参观各国的化学实验室。戴维决定带法拉第出国。就这样，法拉第跟着戴维在欧洲旅行了一年半，会见了安培等著名科学家，长了不少见识，还学会了法语。

回国以后，法拉第开始独立进行科学研究。不久，他发现了电磁感应现象。1834年，他发现了电解定律，震动了科学界。这一定律，被命名为“法拉第电解定律”。

法拉第依靠刻苦自学，从一个连小学都没念过的装订图书学徒工，跨入了世界第一流科学家的行列。恩格斯曾称赞法拉第是“到现在为止最伟大的电学家”。

1867年8月25日，法拉第在他的书房里看书时逝世了，终年76岁。由于他对电化学的巨大贡献，人们用他的姓“法拉第”作为电量的单位，用他的姓的缩写“法拉”作为电容的单位。

很难想象，法拉第在如此艰苦的环境下竟然能成为一位著名的电学家，这其中一个重要的原因就是他懂得寻找机会。假如他不爱学习，在印刷厂像其他人一样，那么他也不可能得到丹斯的赏识，也不可能得到戴维教授的帮助。所以，不管环境有多么艰难，也要寻找机会，千万不可放弃。

1959年，美国人维瑞尔与妻子罗娜带着6个孩子去沙漠远足，他们不在人们经常往来的道路上行驶，却铤而走险，走上一条小路。他们的去向事先没有通知任何人，然而，却遇上了危险。在一个偏僻的地方，汽车无路可走，维瑞尔在试图拐弯时撞到一块带有棱角的石头，碰坏了水箱，水开始向外流。又行驶了16千米后，水箱里的水就开始沸腾了。这一家人既无饮用水，又无食品，仅有水箱里残存的一点儿混有防冻剂的冷却水，这点儿水被他们一人一口就喝完了。

头脑清醒的罗娜采取了一系列措施：首先，让孩子们在汽车的阴影下休息。接下来，与丈夫将两条毯子裁成条状，组成“SOS”字样。字样组好后，就卸下倒车镜准备借用阳光的反射向空中的飞机发出求救信号，将备用的轮胎浸透了油以便随时点燃作为求救的信号。然后，将四个轮胎罩放在地上准备采集清晨的露水。从那以后，白天，她把丈夫和孩子们的嘴唇及皮肤上的水疱都涂上口红，在发现沙漠表层下几厘米处较阴凉时，又将孩子们的身体埋在沙子里，还将他们脸部用东西盖上，然后将自己也埋在沙里。除此之外，她还折断近处的一棵小树，剥去树皮吸树液。由于中午气温过高，孩子们脸上的皮都破了，夫妻俩就收集小便，用破布抹在孩子们的脸上借以降温，让孩子们吃一盒无毒的淀粉糨糊充饥。找不到水时，就将仙人掌切开在火上烤，吸水滴借以解渴。

老天并没有辜负他们的努力，三天以后，抢救队发现了他们的求救信号，他们终于得救了！

上述中的夫妇及孩子可谓是身处绝境，在绝境中，他们并没有放弃求生的希望，而是寻找一切可以走出绝境的机会，他们发出求救信号，尽量让自己处于阴凉处，并且用仙人掌滴水解渴……他们的努力没有白费，他们得救了。

绝境，让那些不放弃的人变得更加坚强；绝境，让希望撑起成功的旗帜；绝境，激发了人们勇往直前的动力……

绝境，在很多时候，如果你害怕去面对它，它就会变得更强大；但是如果你勇敢地去面对它，并且让自己强大起来，绝境就没有那么可怕了。

莫非是一位诗人，有一次他应邀到北京某大学中文系作家班进行学术讲座。讲座开始之前，他和学生们聊得非常愉快。

讲座开始了，当谈到自己的诗作时，他发现自己准备的诗稿放在一个学生的桌子上了，于是他便走下台去拿诗稿。

这间教室里有几级台阶，莫非拿着诗稿往讲台上走时，一不留神，被脚下的台阶绊了一下，他想极力稳住，可是没成功，一个趔趄，摔在台阶上。

在座的同学们忍不住笑起来。

只见莫非站起来，拍拍身上的灰尘，转向同学们，指着台阶说："你们看，在生活中，上一个台阶是多么不容易呀！作诗也是这样！"

同学们对他的话报以热烈的掌声。

第六章 能承受，千磨万击还坚劲

郑板桥在《竹石》中写道："千磨万击还坚劲，任尔东西南北风。"他赞扬了竹子在千万种磨难打击面前仍保持坚韧挺拔、永不服输的精神。其实，对待生活，我们也要有竹子那样的坚韧，这样才不会被挫折打败，才有在困境中崛起的勇气，才可能到达成功的彼岸。

别让压力毁了你

现代社会是一个充满竞争的社会，是一个机遇与挑战并存的社会，是一个与时俱进的社会。在这个社会中，我们常常被压力压得喘不过气来，时常为工作担忧，时常为家庭琐事而累。如此一来，我们慢慢地就让压力毁了我们自己。我们如果时常背负着很重的压力，却得不到有效的宣泄，就算压力大小不变，我们肩上的担子也会变得越来越重，最后重到负担不起。

有一天，一位著名的讲师在“压力管理”课堂上拿起一杯水，然后面向他的学生，问道：“你们认为这杯水有多重？”学生的回答众说纷纭，有说20克的，有说30克的，甚至还有说500克的。

讲师听了学生的回答，笑了笑，回答道：“这杯水的重量并不重要，重要的是你能拿多久？拿一分钟，大家一定觉得没问题；拿一个小时，可能感觉手酸；拿一天，可能就要叫救护车了。其实，这杯水的重量是一样的，但是如果你拿得越久，就会觉得越沉重。这就像我们承担压力一样，如果我们一直把压力放在肩上，不管时间长短，到最后我们都会觉得压力越来越沉重，以致无法承担。所以，我们必须做的是，放下这杯水休息一下。然后再拿起这杯水，如此我们才能够拿得更久。因此，大家应该将承担的压力于一段时间后适时地放下，并好好地休息一下，然后再重新拿起来，如此才可承担得更久。”

讲师用简短的话语告诉我们一个道理：如果不想让压力毁了自己，就要学会给自己减轻压力，学会释放自己的情绪。科学研究表明，如果我们长期处于紧张状态，就会使脑细胞加速老化，影响记忆力，使你的头脑变得更迟钝，也会使皮肤与机体加速老化，比一般人走向衰老的步伐要快。也许，你并不赞同这种观点，你可以结合自身情况想一想，你就会发现，人在紧张状态下，对事物的感觉大部分是既麻木又无聊的。

有一句话说，如果想要走得更远，就要放下过多的行李。同样的道理，如果我们想要生活得更幸福美满，就要学会给自己减压。在减压的过程中，如果我们能把压力变成动力，那么我们将更容易到达成功的彼岸。

一天，一条猎狗气愤地将兔子赶出了窝，并且一直追赶它，但追了很久也没有捉到兔子。站在一旁的羊，看到此种情景，就讥笑猎狗说：“你们两个之间，个子小的反而比个子大的跑得快得多。”

猎狗气喘吁吁地回答道：“你不知道，我们两个跑的目的是完全不同的！我仅仅为了一顿饭，而它却是为了性命！它之所以能跑那么快，是因为它有压力，为了性命而跑。”

猎狗的话简明扼要地说明了有压力才有动力的道理。有很多人都说，自己压力太大，活得很累，但是如果没有压力，就不会有动力。其实，压力并不可怕，关键是我们如何去应对和化解。如果我们懂得将压力变为动力，那么我们离成功便又近了一步。

有一位经验丰富的老船长，在一次货轮卸货后返航时，突然遭遇到可怕的风暴。水手们望着浩瀚的大海惊慌失措，用一双期待的眼神望着老船长。出乎大家意料的是，老船长面对突如其来的风暴，显得十分冷静。他果断地命令水手们立刻打开货舱，往里面灌水。

水手们十分不解，其中一个水手嘟囔道：“船长是不是疯了，往船舱里灌水只会增加船的压力，使船下沉，这不是自寻死路吗？”老船长并没有理会大家的疑问，继续命令他们往货舱里灌水。水手们看到船长严厉的脸色，只好照做。

就在水手们万分紧张时，奇迹出现了。随着货舱里的水位越升越高，船一寸一寸地下沉，依旧猛烈的狂风巨浪对船的威胁却一点儿一点儿地减小，货轮渐渐地平稳了。船长和水手们都长长地舒了一口气。

这时，船长才耐心地对水手们说：“在遇到狂风巨浪时，上万吨的巨轮很少有被打翻的，被打翻的常常是根基轻的小船。船在负重的时候，是最安全的；空船时，则是最危险的。”水手们听了船长的话恍然大悟。

故事中的老船长知道船在负重的时候是最安全的，空船时则是最危险的道理，巧妙地运用“压力效应”使自己及船上的水手们安全地度过了危险期。船如此，人亦如此，那些得过且过，没有一点儿压力，做一天和尚撞一天钟的人，就像风暴中没有载货的船一样，常常会被人生的狂风巨浪打翻。

压力，能使人在思想感情上受到多方撞击，并从中感悟人生的真谛，从而自觉地把握人生的走向。相反，人如果太幸运了，离开压力的“哺育”、悲痛的“滋养”，就会懒于思考，不知天高地厚，也不知自己的能力究竟有多强，最终只能碌碌无为，成为坠地尘埃。

别让压力毁了你，不仅是成功者的告诫，不仅是实践证明的一种态度，更是处在挑战之中的你不断叮嘱自己、催促自己、保护自己的有力武器。人生要过得精彩，就要在不断找寻压力时，学会如何释放压力，并在二者之间找到制衡点，这样才能让生命之花在最合适的季节开得灿烂辉煌。

抗日战争胜利后，著名国画大师张大千想回一趟四川老家。临行前，一个学生设宴，邀请到了梅兰芳等许多社会名流为他送行。

宴会开始时，张大千站了起来，向梅兰芳敬酒：“梅先生，你是个君子，我是个小人，所以我先敬你一杯。”

梅兰芳不明白其中的意思，就笑着问道：“此话怎解？”

张大千笑着说：“正所谓‘君子动口不动手’，你是个君子——就只管动口（唱戏），我是个小人——就只管动手了（画画）。”

自己说行就一定行

屠格涅夫曾说：“先相信你自己，然后别人才会相信你。”这句话也可以这样说，你只有相信自己能行，才能取得别人的信任，进而才能取得成功。然而，很多人之所以不能取得成功，一个重要的原因就是他从一开始就不相信自己能取得成功。

“自信是成功的保证。”那些成功人士就是因为坚信“我能行，我一定行”的信念，经过长期的努力，最终才取得了成功。所以，如果你想取得成功，就一定要用“我能行，我一定行”这样的信念激励自己奋勇前进。

一个没有自信心的年轻人常常为生活所累，整天郁郁寡欢。后来，他听说有一位智者可以使人重新振作起来，便急忙来向智者请教秘诀。

那天，这位年轻人见到智者时，对智者说：“我觉得自己什么事也做不好，而且也没有人看重我，我该怎么办呢？”

智者一听，就知道他是对自己没有信心。于是，他捋着自己的胡须回答道：“孩子，我很同情你的遭遇，但我不能帮你，因为我必须先处理好自己的难题。”

年轻人感到疑惑不已，心想：智者也有难题吗？就在年轻人思绪万千时，智者又说道：“如果你愿意帮我，我很快就可以处理好，然后也许就能帮你了。”

年轻人犹豫了一会儿后说道：“好吧！”

于是，智者坐在了一张凳子上，从手指上脱下一枚戒指交给年轻人，说：“你去集市上把这枚戒指卖了，因为我现在需要钱还债。换回的钱越多越好，但无论如何也不能少于1个金币。”

年轻人拿着戒指来到了集市，以不低于1个金币的价格卖戒指。集市上的人一听年轻人的价格，有的哈哈大笑，一走了之，有的说年轻人想钱想疯了。只有一位慈祥的老太太告诉年轻人：“你要价太高了。”

面对众人的讥讽，年轻人并没有放弃，坚信智者的话——戒指的价钱不能少于1个金币。因此，他到处兜售戒指，但没人肯出1个金币买它。最后，他只好垂头丧气地回来了。

回到智者那里，年轻人惭愧地说：“对不起，我没能达到你的要求。也许我可以卖到两个或三个银币，但我觉得那不应该是这枚戒指的真正价值。”

智者笑着说：“年轻人，你说得太对了。你再去一趟珠宝店，没人比珠宝商更清楚它的价值了。你跟珠宝商说要把戒指卖掉，问他能出多少钱，但不要真卖戒指，问完价格后你再带戒指回来。”

于是，年轻人又带着戒指来到珠宝店。出乎他意料的是，珠宝商仔细看了看戒指后说：“如果你想卖这枚戒指，我最多可以给你58个金币。”

“58个金币？”年轻人惊呼。

珠宝商说：“对，如果不着急的话，我可以出70个金币，可是你着急脱手……”

年轻人听从智者的教诲，没有卖这枚戒指，而是兴奋地跑回去，将发生的一切都告诉智者。

智者笑着说：“你就像这枚戒指，珍贵、独一无二，只有专家才能真正判定你的价值。你怎能期望生活中随便一个人就能发现你真正的价值呢？在没有遇到专家之前，你务必要相信自己是一个真正有价值的人。”说完，就将戒指套回到手指上。

故事中的智者用一枚戒指的事例使年轻人明白了一个道理：一个人只有先相信自己，别人才能相信你。年轻人正是因为坚信智者的话，那枚戒指一定值1个金币，才使戒指有机会进入珠宝店，从而得到专家的认可。如果年轻人不相信智者的话，受市场上那些庸人的言语影响，那么戒指最终只能在市场上被埋没。人亦如此，如果自己不相信自己是一个有价值的人，那么别人也很难相信你，就算世界上真有伯乐，但也可能在你还未遇到伯乐之前，就已经被社会埋没了。所以，只有相信自己，才有可能取得成功。

有一次，法国著名画家纪雷参加一个宴会。在宴会上，一个身材矮小的人来到他面前，向他深深地一鞠躬，请求道：“我很喜欢画画，请你收我为徒吧！”

纪雷看了看他，发现他是一个缺了两只手臂的残疾人，觉得他有些自不量力，于是就婉转地拒绝道：“我想你恐怕不太方便画画吧？”

那个人听了纪雷的话，立即回答道：“不，我虽然没有手，但是还有两只脚，只要我相信我能行，我就一定行。”

纪雷此时有些为他的自信而折服，但他还是有些不相信，觉得此人有些过于自信。那个人似乎看出了纪雷的疑虑，于是就请主人拿来纸和笔，坐在地上，用脚指头夹着笔画了起来。大家都屏住呼吸，看他一点儿一点儿地画。当大家看到他那出神入化的一笔时，都不禁为他的精神所感动。纪雷见此，非常高兴，认为他是一个难得的人才，便立即收他为徒弟。

这个没有双臂的矮个子自从拜纪雷为师以后，在纪雷的指导下，排除万难，更加努力学习画画。每当他觉得累时，就告诉自己：“我一定行！”

皇天不负有心人，他通过坚持不懈的努力，终于扬名天下，成为一个著名的画家。他就是著名的无臂画家杜兹纳。

无臂画家杜兹纳之所以能取得成功，就是因为他坚信自己能行。面对众人的质疑，他依然相信自己一定行。他的自信使著名画家纪雷及在场的观众都深深地为之折服，纪雷最终收他为徒。在纪雷的指导下，他最终排除万难成为一个著名的画家。

一个无臂的残疾人尚能成为一个著名的画家，那么我们呢？在困难面前，只要我们相信自己一定行，那么我们就有排除万难的毅力与恒心，就能创造奇迹，就能做到别人做不到的事情，最终取得成功。所以，如果想取得成功，就一定要相信自己能行。只有相信自己，才有取得成功的可能。

一位作家很有才华，发表了不少作品，美中不足的就是他的个子矮了点儿。

有一次夫妻俩和别人闲聊，妻子嘲笑起丈夫，说他个子太矮了。

这位作家笑眯眯地说："我看还是矮点儿好，如果不是我身短力小，咱俩的战斗你能场场取得胜利吗？如果不是我矮，你现在能很优越地在众人面前说我吗？"

一番话说得大家哈哈大笑。

坚持就是胜利

孟子在《生于忧患，死于安乐》中写道："故天将降大任于斯人也，必先苦其心志，劳其筋骨，饿其体肤，空乏其身，行拂乱其所为，所以动心忍性，曾益其所不能。"孟子这句话充分说明人只有先经受住了苦难的煎熬，才能担当大任，才能取得成功。

是的，熬过去就是胜利。假如你在苦难面前退缩，不敢前进，那么你最终将被苦难踩在脚下，一事无成，成为时代的弃儿。很多时候，成功就在于你再坚持一下，熬过最难熬的时刻。

查德威克是第一位成功横渡英吉利海峡的女性，但她并没有因此而感到满足，而是还想挑战新的目标，不断地超越自己。因此，她决定从卡塔林纳岛游到加利福尼亚。

那天早晨，大雾漫天，海水冷得刺骨，因此，游程异常艰辛，查德威克的嘴唇被冻得发紫。连续游了16个小时后，她感觉四肢几乎僵化了，浑身上下没有一点儿力气。她努力地抬起头来，想看看还有多远，可大雾早已挡住了她的视线，她根本看不到海岸线。她越游越累，于是就对陪伴她的船上的工作人员说：“我快坚持不住了，快拉我上船吧！”

船上工作人员鼓励她说：“还有一海里就到了啊，再坚持一下吧!”

查德威克十分沮丧地说：“我不信，我连海岸线都看不见，怎么可能只剩一海里呢？快拉我上去，我真的坚持不下去了。”工作人员见她如此坚持，只好将她拉上了船。

快艇飞快地向前开去，不到一分钟，加利福尼亚海岸就出现在她的眼前。因为大雾，海岸线只能在半海里的范围内才能看得见。

查德威克望着大雾中的海岸线，后悔莫及，痛苦地说道：“如果我听大家的劝告，再坚持一下，我就能熬过最难熬的时刻，就一定能成功地到达加利福尼亚海岸。”

其实，成功与失败往往只有一步之遥，如果想取得成功，就一定要坚持到底，熬过最难熬的时刻。只要挺过去了，那么你最终将到达成功的彼岸。

生活中，像查德威克这样的人有许多，他们往往被之前太多的困难弄得筋疲力尽，在快取得成功时，就被一个微小的障碍挡在了成功的大门外。如果他们能咬紧牙关再坚持一下，熬过最难熬的时刻，那么胜利也许就在眼前。

霍华德·卡特是英国考古学家和埃及学的先驱。他对工作充满了热忱，但是也非常顽固。由于他的顽固性格，他在5年内不得不辞去遗迹监督官的工作。就在他贫困不已时，英国的乔治·卡尔纳冯勋爵表示愿意提供资金援助，邀请他加入挖掘“帝王谷”的队伍。

霍华德·卡特非常喜欢这份工作，但许多人都认为当时盗墓猖獗，早在学术性的调查进行之前，“帝王谷”就被盗贼掘光了。但当霍华德·卡特看到开罗博物馆内收藏的大约30具古埃及历代君王的木乃伊时，他突然觉得一定还有其他尚未发现的王墓。

1917年秋天，霍华德·卡特开始指挥挖掘工作。由于盛暑及狂风沙的缘由，挖掘工作从11月起至隔年一月，花费了三个月才完成。然而，工作进展得并不顺利，霍华德·卡特花了很多时间，没有取得任何成效，但他并没有放弃，抱着坚定的信念继续挖掘。

1922年的冬天，饱受打击的霍华德·卡特几乎把所有可能出现年轻法老坟墓的地方统统考察了一遍，但仍然没有任何收获。此时，霍华德·卡特的赞助商对他失去了信心，打算放弃。然而，霍华德·卡特并没有气馁，不甘心就这么轻易放弃，坚持让他的赞助商再提供一天的援助。出人意料的是，就在这一天，他们发现了一条6尺长的石阶。看到这条石阶，霍华德·卡特仿佛看见了希望。第二天，他们又小心翼翼、缓慢地往下挖掘直到第12阶。在那一层，他们发现了一个入口。外门上那三千年前的封印证实了那是一座皇室陵墓，也证实了陵墓内的东西完好无缺。

毫无疑问，霍华德·卡特成功了。他的坚持轰动了全世界，也改变了他的人生。后来，霍华德·卡特在自传中写道：“这将是我们待在山谷中的最后一季，我们已经挖掘了整整六季，只有挖掘者才能体会这种彻底的绝望感。我们几乎已经认定自己被打败了，正打算离开山谷到别的地方去碰碰运气。然而，如果不是我们垂死挣扎，我们也许永远都不会发现这座超出我们梦想所及的宝藏。但幸好，我们最终还是成功了。”

霍华德·卡特正如他自己所说，如果他们不是垂死挣扎，那么永远也不可能取得成功。但正是因为他的坚持，经受住了失败的打击，机遇才降临到他的身上，成为埃及“帝王谷”图坦卡蒙王KV62号陵墓及戴着“黄金面具”的图坦卡蒙王木乃伊的发现者，他的发现轰动了世界。

然而，令人感到悲哀和遗憾的是，我们在面对一次又一次的失败时，往往选择了放弃，再也不愿给自己一次机会。

林肯曾说：“我成功过，我也失败过，但我从未放弃过。”人生很多时候都是这样，将最难熬的时刻熬过去了，也就没什么苦难不可战胜了。因此，当你陷入困境中时，你一定要告诉自己：只要熬过去就是胜利。

一天，柯立芝正在办公室埋头办公时，忽然闯进来一位崇拜柯立芝的妇人。

她对柯立芝前一天的演讲表示祝贺，并说：“那天大厅里人山人海，我根本无法找到一个座位，一直站着听完了您的全部演讲。”

柯立芝听着这位妇人略带委屈的口气，想了想，回答说：“并不是你一人受累，那天我也一直站着。”

坚持就是胜利

过程比结果更重要

取得成功是一个漫长而艰辛的过程，因此，很多人在追求成功时，都期待着结果快点儿出现，能早日成功。过程与结果到底孰轻孰重，想必是仁者见仁，智者见智。有人说“只问耕耘不问收获”是句自欺欺人的话，是付出辛苦努力而毫无收获的自我安慰。但如果只关注结果，对过程却漠不关心，也会令人心生厌烦。

其实，人生就像一次旅行，人们总是忙于奔赴目的地，却常常忽略了路边的风景，更忽略了欣赏路边风景的心情。死亡是每个人的最终归宿，如果不在乎过程的话，那么我们的人生又有什么意义？

有一个年轻人，他的性格非常急躁，不管做什么事都很难静下心来，缺乏耐心。

有一次，他与女友约会，来得很早，等了很久也不见女友到来，便在树下坐立不安，转来转去。

就在这时，一位白发苍苍的老道士来到他身边。老道士从兜里拿出一枚纽扣对年轻人说："如果你不想等待，只要将纽扣向右一转，你就能跳过时间，想要多远就有多远。"

年轻人半信半疑，接过纽扣，试着将纽扣一转，女友就出现在他面前，并且温柔地望着他。他心想如果现在能举行婚礼，那该多好啊！于是他又转了一下。隆重的婚礼，丰盛的酒席，他和女友手牵手站在一起，周围乐管齐鸣，悠扬醉人。他抬起头来，盯着妻子的双眸，又暗自想：如果现在只有我和妻子两人多好啊！他悄悄地又将纽扣转了一圈，四周立即夜深人静……

他快速地转动着纽扣，于是他有了儿子，后来又有了孙子，转眼间已是儿孙满堂。不仅如此，他还四处为官，到处受人吹捧。年轻人非常高兴，继续转动着纽扣。

纽扣转到最后，年轻人已不再年轻，他卧在病榻上，几个不孝子把家产挥霍一空，并且还狠心地把他扔到荒郊野外。奄奄一息的老人终于长叹一声，仰面跌倒在泥土地里……

年轻人看到这里，不由自主地出了一身冷汗。老道士看着他，笑了笑，问道："怎么样，年轻人，你还想让时间快点儿吗？"

年轻人像泄了气的皮球，有气无力地回答道："我都死了，还快个啥？"

就在年轻人万念俱灰的时候，老道士又收回了那枚纽扣，年轻人因此又回到了那棵生机勃勃的树下，继续等待着他的女友。这时，年轻人已不再急躁，抬起头来，望向那蔚蓝的天空，他感觉自己正沐浴在暖洋洋的阳光下，听着鸟鸣，看着草际间蝴蝶飞舞，等待着女友的到来。

急躁的年轻人虽然回到了现实生活中，但这个故事却告诉我们一个道理：人生是一个很幸福的过程，过程比结果重要。如果一味地追求结果，忽视过程，那么就不可能体会到人生的酸甜苦辣。

有一次，王强去外地出差，火车拥挤。他站在车厢的窗前，心里暗自想：两个小时的路程，中途将有人陆续下车，我也许能幸运地找个位置。

在他的旁边有一位老者与他并肩而站，王强不时地感受到来自多方的“压力”。他自言自语道：“人的确太多了，有个座位就好了。”于是，他弯下身去问身旁有座位的男子：“你在哪里下车？”对方说：“下一站。”王强非常高兴，于是时刻准备着抢座位。

30分钟后，火车到站了。王强刚要坐下，一位壮汉迅速抽身，一个箭步冲了过来，抢了座位。王强郁闷极了，恼火地瞪着壮汉，但又无可奈何，只好继续站着。

过了一会儿，王强在嘈杂中听见一声叹息，是他旁边的那位老者发出的。老者依然凝神窗外，嘴角露出丝丝笑意。王强顺着他的眼光望去，外面有一条河，波光粼粼，河边一片农田。

“窗外的景色很美啊！”老者说。

王强随口敷衍道：“是啊。”

老者说：“那田地，那河流，那山脉，美不胜收啊！”

王强笑了。老者不解地看着他问：“不是吗？”王强连忙回答：

“是的，是的。”老者似乎明白了什么，立即说道：“笑我迂腐吧!”

没等王强回答，老者就亲切地拍拍王强的肩膀，说道：“年轻人，大家都在抢座位，却很少有人留心窗外的风景，真的很遗憾。这段路，就非得坐过去吗？就不能一路欣赏着窗外的风景过去吗？”

王强听了，内心有些触动。老者接着说：“我年轻时，为了眼前的东西，错过了很多更大、更美的机会。现在，我意识到了这个问题。”

老者的一席话让王强受益匪浅。

故事中老者的一番话让王强受益匪浅，他开始默默地欣赏起路边的风景。在现代的快节奏生活中，你是否也像故事中的王强和老者年轻时一样，为了眼前的东西，错过远处的风景呢？为了早日到达目的地，没了欣赏路边风景的心情。

欣赏沿途的风景，认真体会过程中的酸甜苦辣，也许你会收获一个更丰富多彩的人生。

有一次，丘吉尔去动物园玩，看见一只熊猫，他觉得这动物很有意思。于是他就大声地向熊猫呼喊、招手，但那只熊猫头也没抬，仍旧怡然自得地仰卧着，根本不去理会丘吉尔。

丘吉尔静静地凝视良久后，无可奈何地耸耸肩说：“真想不到，它竟如此高不可攀。”

第七章 常知足，功名利禄看淡

俗话说：“功名利禄如浮云。”做人应知足常乐，坦然面对现实，从容应对艰难，淡定承受困苦，少一分失落，少一分困扰，多一分满足，多一分快乐！

淡泊明志，宁静致远

诸葛亮在《诫子书》中写道：“非淡泊无以明志，非宁静无以致远。”这句话的意思是说：不把眼前的名利看得轻淡就不会有明确的志向，不能平静安详、全神贯注地学习，就不能实现远大的目标。

宁静与淡泊是生活的真谛。古往今来，拥有宁静与淡泊心境的有识之士不乏其数，陶渊明蔑视功名富贵，不肯趋炎附势，回归田园生活，最终写出了大量诗文，成为我国著名的文学家；范仲淹在《岳阳楼记》中写道：“不以物喜，不以己悲。”他正是以这种淡泊的心境来面对官场的沉浮起落，最终才名垂千古。

所谓淡泊明志，宁静致远，就是要不因宠爱而忘形，不因失落而沮丧，不因富贵而娇纵，不因清贫而自惭。

有一位虔诚的佛教信徒，每天都从自家花园里采撷鲜花到寺院供佛。

有一天，当佛教信徒正送花到佛殿时，正好遇到无德禅师从法堂走出来。无德禅师一见他手中的花，就非常欣喜地说道：“你每天都这么虔诚地来用香花供佛。依经典的记载，常以香花供佛者，来世当得庄严相貌的福报。”

信徒一听，非常欢喜地回答道：“这是应该的，我每天来寺礼佛时，自觉心灵就像洗涤过似的清凉，但回到家中，心就烦乱了。我是一家之主，如何在烦嚣的尘世中保持一颗清净纯洁的心呢？”

无德禅师反问道：“你每天以鲜花献佛，相信你对花草总有一些常识，我现在问你，你如何保持花朵的新鲜呢？”

信徒想了想答道：“保持花朵新鲜的方法，莫过于每天换水，并且在换水时把花梗剪去一截。因花梗的一端在水里容易腐烂，腐烂之后水分就不易吸收，就容易凋谢了！”

无德禅师说：“保持一颗清净纯洁的心，其道理也是一样。我们的生活环境像瓶里的水，我们就是花，唯有不停净化我们的身心，并且不断地忏悔、检讨，改进陋习和缺点，才能不断吸收到大自然的食粮。”

信徒听后很高兴，作礼感谢道：“谢谢禅师的开导，希望以后有机会亲近禅师，过一段寺院中禅者的生活，享受晨钟暮鼓、菩提梵唱的宁静。”

无德禅师道：“你的呼吸便是梵唱，脉搏跳动就是钟鼓，身体便是庙宇，两耳就是菩提，无处不是宁静，又何必等机会来到寺院中生活呢？”

无德禅师的话不得不让我们深思。只要自己抛开杂念，怎么不可获得宁静呢？如果自己妄想不除，就算住在深山古寺，一样无法修持。

每一个人都想获得内心的宁静，那么宁静是什么？是问心无愧，是晚上不做噩梦，还是对别人没有任何歉疚之意？

有一次，国王拿出一大笔赏金，看谁画得出最能代表平静祥和的意境。有的画家画了黄昏森林；有的画了宁静的河流，小孩在沙地上玩耍，彩虹高挂天上，还有沾了几滴露水的玫瑰花瓣……

国王亲自看过每件作品，最后只选出两件。

第一件作品画了一池清幽的湖水，周遭的高山和蓝天倒映在湖面上，天空点缀了几抹白云。仔细地看，还可以看到湖的左边角落有一座小屋，打开了一扇窗户，烟囱有炊烟袅袅升起，表示有人在准备晚餐。

第二幅画也画了几座山，山形阴暗嶙峋，山峰尖锐孤傲。山上的天空一片漆黑，闪电从乌云中落下，也降下了冰雹和暴雨。

这幅画和其他作品格格不入，但是如果仔细一看，就可以看到险峻的岩石堆中有个小缝，里面有个鸟窝。尽管身旁狂风暴雨，小燕子还是一如既往地蹲在窝里。

国王将朝臣召唤过来，将首奖颁发给第二幅画的作者，他解释说：“宁静祥和，并不是要到全无声音、全无辛勤工作的地方才找得到。宁静祥和的感觉，能让人即使身处逆境也能维持心中的那片清澄，这就是宁静的真谛。”

第二幅画的精妙之处在于它描绘出了一只小燕子，在狂风暴雨中仍一如既往地蹲在窝里，不为外界环境所影响的情景。如果小燕子内心没有一种宁静，那么它就不可能一直蹲在窝里，也许早就飞了出去。宁静就是无论身处何处，都能以一种宁静祥和的态度泰然处之。

是的，如果我们想成就一番大事，首先就要拥有小燕子那样的宁静。相反，如果一个人有太多的私欲、杂念，那么精神就会备受煎熬，往往很难取得成功。

蒙克夫是一位国际著名的登山家，他成功征服了世界第二高峰——乔戈里峰。乔戈里峰海拔8611米，许多登山高手都以不带氧气瓶而能登上乔戈里峰为第一目标。但是，几乎所有的登山高手来到海拔6500米处时，就无法继续前进了，因为这里的空气非常稀薄，几乎令人感到窒息。

因此，对一般登山者来说，如果想靠自己的体力和意志力，独立征服8611米的乔戈里峰峰顶，确实是一项极为严峻的考验。但出乎大家意料的是，蒙克夫却突破障碍做到了。

其他登山者百思不得其解，于是在一次记者招待会上，蒙克夫为大家解开了这个谜团。蒙克夫认为，在突破海拔6500米的登山过程中，最大的障碍是心里各种翻腾的欲念。因为，在攀爬的过程中，任何一种小小的杂念，都会让人意念松懈，转而渴望呼吸氧气，慢慢地让人失去冲劲与动力，而“缺氧”的念头也开始产生，最终让人放弃征服的意志，接受失败。

最后，蒙克夫总结道：“如果想要登上峰顶，首先，你必须学会清除杂念，脑子里杂念愈少，你的需氧量就愈少；你的欲念愈多，你对氧气的需求便会愈多。所以，在空气极度稀薄的情况下，想要登上顶峰，你就必须排除一切欲望和杂念！”

蒙克夫说出了成功的秘诀之一：想要取得成功，必须排除一切欲望和杂念。

当我们满腹心事、顾虑重重的时候，总感到浑身没劲、乏力；而当我们身心清净，没有欲望和杂念的干扰时，总能高效地完成手中的工作。可见，一旦我们的生活被源源不断的琐碎和牵挂一点点儿地侵蚀占领，即便我们偷得浮生半日闲，也免不了身心疲惫。

1717年，伏尔泰因为讥讽摄政王奥尔良公爵，被囚禁在巴士底监狱长达11个月之久。

出狱后，伏尔泰知道奥尔良公爵不能冒犯，于是就对奥尔良公爵说：“奥尔良公爵，您的心胸就如海洋一样宽广，真是太感谢您了。”

奥尔良公爵深知伏尔泰的影响，也急于同他化干戈为玉帛，就回答说：“真是太抱歉了，希望您不计前嫌才是。”

伏尔泰回答说：“陛下，我是真诚地感谢您，您为我解决了这么长时间的食宿问题，我衷心地再次向您表示感谢。可今后，您就不必再为这种事替我操心啦。”

淡泊明志，宁静致远

取舍得当，不存妄想

有一次，一个顽皮的小男孩在玩耍时，看到收藏架上摆放着一个花瓶。在一种好奇心理的驱使下，他把手伸进了那个花瓶里。那不是一个普通的花瓶，而是一个印着精美青花的古董。然而，很糟糕的是，当小男孩想把手收回来时，却怎么也拔不出来了，用股市的话来说就是“不小心被套住了”。

小男孩的父母知道后，十分着急。父亲试着帮他拔了好几次，但都无济于事。无奈之下，父亲想到了“司马光砸缸”的应急智举，想把瓶子砸碎，好把儿子的手拔出来。可是，花瓶太稀有、太名贵了，父亲难以取舍。

过了好一会儿，小男孩的父亲决定再试最后一次，实在不行，就只能忍痛砸瓶，毕竟救人是大事。于是，父亲对小男孩说：“儿子，你把手伸直，五指并拢，使劲往外拔，就像我这样。”父亲一边说，一边给儿子做撑开掌再捏拢的示范。

不料，小男孩却在这时，大声叫了起来："不行，爸爸，我不能那样做。如果我松开手，那枚硬币就会掉进瓶里。"父亲哑然失笑，终于明白了儿子的手拔不出来的真正原因。

故事中的小男孩正是因为舍不得那枚微不足道的硬币，才差点儿毁了一个名贵的藏品。所谓舍得，就是有舍才有得。可是，生活中的我们大多像故事中的小男孩那样，由于不能舍弃一些小的东西，结果却失去了更美好、更宝贵的东西。

"取"是一种本事，"舍"是一门学问。没有能力的人，取不足；没有通悟的人，舍不得。在舍之前，总要先取，才有舍，取多了之后，常得舍弃，才能再取。

人刚出生时，只知道取。除了取得生命外，还要取得食物，以求成长；在成长的过程中，又取知识，以求内涵；长大后，则要有取有舍，或取熊掌而舍鱼，或取利禄而舍悠闲，或取权位而舍性命；年老后，则愈要懂得舍，仿佛登山履危、行舟遇险时，先要将不必要的行李抛弃。如果仍然嫌重的话，次要的东西便要舍弃。如果再有险境，除了自身之外，一物也留不得。

因此，人到老年时，绝对是舍多于取。不知舍、不服老的人，常常是最先落水坠崖，把自己也赔了进去。如此说来，人生是愈取愈少，愈舍愈多。所以，少年时取其丰，壮年时取其实，老年时取其精。少年时舍其不能有，壮年时舍其不当有，老年时舍其不必有。

有一个聪明的年轻人，自尊心很强，想在各个方面都比他身边的人强，他尤其想成为一名大学问家。然而，多年过去后，他各方面都取得了一些进步，但是离大学问家的距离还十分遥远。他很苦恼，于是就去向一位大师求教。

大师听了他的倾诉后，说：“我们登山吧，到山顶你可能就知道应该怎么做了。”

他们爬的那座山上有许多晶莹的小石头，非常漂亮。年轻人每次见到他喜欢的石头，大师就让他装进袋子里背着。

他们爬到半山腰时，年轻人就已经气喘吁吁了。他对大师说：“大师，如果再背，别说到山顶了，恐怕连动也不能动了。”

大师微笑着回过头来，问道：“是呀，那该怎么办呢？”

年轻人毫不犹豫地说：“应该放下。”

“那你为什么不放下呢？背着石头怎么登山？”大师回答道。

年轻人霎时若有所悟，当即放下背上的石头，也放下了心上的“石头”。

大师用实践的方式让年轻人明白了，人要学会舍弃一些东西。如果什么东西都舍不得丢弃，那么最终是捡了芝麻，丢了西瓜，甚至会一无所有。故事中的年轻人如果不及时舍弃背上的小石头，那么很可能就无法到达山顶。晶莹的小石头固然漂亮，但那并不是年轻人的目标，而是阻止他前进的绊脚石。

同理，诱惑我们的种种欲望，往往都是人生路途上的障碍。如果我们处理不当，过于贪恋，那么它们一定会妨碍我们过上真正富有诗意的生活。

人生在世，有太多的东西需要我们放弃。比如，在淘金的过程中，放弃对金钱无止境的追求，得到的却是安心和快乐；在仕途中，放弃对权力的追逐，随遇而安，得到的是宁静与淡泊；在春风得意，身边美女如云时，放弃对美色的占有，得到的是家庭的温馨和美满……在生活中，学会遗弃生命中可有可无的东西，心胸自然会坦然，也会活得更加简单、更加洒脱、更加自由。

有一次，亨利·克莱在走廊上遇上一位曾相识的夫人。

这位夫人望着他，笑着问："您大概不记得我的名字了吧？"

亨利·克莱鞠了个躬，表示歉意，说："是的，夫人，我记不得了。因为在我们上一次见面的时候，我就相信：您的美貌和教养会使你很快改换姓名的。这样，我也就毋须记住你原来姓什么了。"

平淡似水，和而不流

子路请教孔子说：“先生能告诉我什么叫作强吗？”

孔子听了，反问道：“你问的是南方人的强，还是北方人的强？还是你想要学习的强呢？”

子路想了想，回答说：“这难道有什么区别吗？”

孔子说：“当然有区别了。宽厚温和地教诲别人，对于横暴无礼的人不以牙还牙地进行报复，这就是南方人的强，君子也拥有这种品格；把刀枪甲胄当作枕席，时刻都不离开武器和戎装，视死如归，这就是北方人的强，刚强的人就属于这一种。”

子路问道：“先生认为什么才是我应该学习的刚强呢？”

孔子回答说：“君子可以随和，但是并不随波逐流，这才是真正的刚强啊！君子要做到和而不流，就要立定中庸之道，不偏不倚。国家政治开明，自己也不改变穷困时的操守；国家暴虐，没有德政，自己至死也不改变平生的志向，这才是真正的刚强啊！”

孔子的一番话道出了“和而不流”的真正含义，如孔子所说，和而不流就是说一个有道德修养的人，为人要和顺，善于协调自己与他人的关系，但又不能无原则地随波逐流。

是的，中国传统文化强调做人应该坚持自己的主张和原则，不能随波逐流，对自己选定的价值目标要有坚定的信念。只有这样才能激励自己克服一切艰难险阻，勇往直前，以无畏的勇气、毅力和信心去实现自己的目标和理想。

有一次，唐太宗与吏部尚书唐俭下棋。没想到的是，吏部尚书唐俭既不懂逢迎，又喜欢逞强，使尽浑身解数，把唐太宗逼得步步丢子，狼狈不堪。

唐太宗十分生气，觉得很没面子，再加上唐俭平时言语直露，甚是不恭，就欲治罪于他，并派尉迟恭去搜罗唐俭的罪状。

尉迟恭接到唐太宗的命令，他知道唐太宗只是一时气愤，气消后，也就不会再追究此事。于是，他没有直接反抗，而是采取“和而不流”的方法劝谏唐太宗。过了几天后，他知道唐太宗差不多消气了，便请求面圣。

见到唐太宗时，尉迟恭谏唐太宗三思而行，但闭口不提唐俭的短处。此时，唐太宗火气消了，也冷静了下来，自觉无理，便作罢了事。

可以说，尉迟恭将“和而不流”发挥到了极致，假如他一味地附和唐太宗，真将唐俭的所谓“罪名”搜罗出来，致使唐俭被杀，而等唐太宗冷静下来，又一定会怪罪于尉迟恭，那就是害人害己，自讨苦吃了。而尉迟恭正是采取了“和而不流”的做法，巧妙地不去调查唐俭的“罪过”，不至于使唐太宗情急出错，又同时保全了自己，并落得个好名声。

是的，“和而不流”是一种人生境界，它不求轰轰烈烈，只求质朴本真；“和而不流”是一种价值取向，它不求耀眼的光环，只求人格的尊严。

那么如何做到“和而不流”？从实践主体来看，“和”就是要按照客观规律办事，把握好矛盾的度，做到既不过又无不及。只有这样，才能引导矛盾朝着积极的方向发展，产生圆满的结果。

日本麦当劳社的社长藤田田著有一本畅销书《我是最会赚钱的人物》。他将他的所有投资分类，研究回报率。经过一段时间的研究，他发现感情投资在所有投资中，花费是最少的，而回报率却是最高的。

藤田田就十分善于感情投资：他每一年都支付巨资给医院，作为保留病床的基金，在职工或者是家属生病、发生意外时，可立刻住院接受治疗。即使在星期天职工有了急病，也能立刻送入指定的医院，避免在多次转院中因来不及施救而丧命的情况发生。

曾经有人对此感到很不解，问藤田田：“假如你属下的职工几年不生病，那么你的这些钱不就是白花了吗？”

藤田田回答说：“对于麦当劳来说，只要可以让员工全心全意地工作，就不算是白花了。”

在工作中，藤田田还有一项创举，就是将从业员工的生日定为个人的公休日，让每一位职员在他生日的当天都可以和家人一同庆祝。对麦当劳的从业人员来说，生日是自己的喜日，也是休息日。在生日的那天，从业人员可以和家人尽情地欢度美好的一天，养足了精神，第二天又精力充沛地投入工作当中。甚至连麦当劳每一位员工的太太、小孩过生日，藤田田都会送束鲜花表示祝贺。鲜花的价钱并不是很昂贵，但是却赢得了太太们的喜欢，她们感激地说："连我先生都忘了我的生日，没想到社长还记得我的生日，并且还送给我花束，真的是太感谢了。"

不仅如此，藤田田还首创了"太座奖金"。给工作比较认真的职工的太太发奖金，并付上短函：公司之所以能够有这样好的成绩，都是各位太太的协助，虽然直接参与工作的是先生们，但是，假如没有你们这些贤内助，那么先生们的工作成绩肯定会大打折扣，所以，这笔奖金是你们应该得到的，就好比我们国家一首歌里唱的"军功章的功劳也有你的一半"。

藤田田就是以这样的方式赢得了员工们的信任，带领员工一起为公司而奋斗。

藤田田巧妙地运用了"和而不流"的方法，他对员工进行感情投资，花费不多，却换来员工的工作热情，提高了他们的工作效率，为公司带来了高效益。

有一次，有一位年轻人向苏格拉底请教怎么演讲。他为了表现自己，滔滔不绝。

苏拉格底听了之后说：“我可以考虑收你为学生，但是我要收双倍的学费。”

年轻人不解地问道：“为什么要加倍呢？”

苏格拉底回答说：“我除了要教你怎么演讲外，还要给你上一门课——怎么闭嘴。”

面朝大海，春暖花开

我们要以积极乐观的态度来面对生活中的一些忧虑。是的，我们常常为生活中的一些小事而烦恼不已。

一个年轻人被烦恼缠身，于是就四处去寻找解脱烦恼的方法。

有一天，他来到一个山脚下，在一片绿草丛中，看见有一位牧童骑在牛背上，吹着悠扬的横笛，逍遥自在。他不知道那个牧童为何如此高兴，于是就走上前去问道："你看起来很快活，能教我解脱烦恼的方法吗？"

牧童很高兴地说："骑在牛背上，笛子一吹，什么烦恼也没有了。"

年轻人按照牧童说的，试了试，却无济于事。于是，又开始继续寻找。

不久，他来到一个山洞里，看见一个老人独自坐在洞中，面带满足的微笑。年轻人深深地鞠了一个躬，向老人说明来意。

老人问道："这么说你是来寻求解脱的？"

年轻人回答道："是的！恳请不吝赐教。"

老人笑着问道："有谁捆住你了吗？"

"没……没有。"年轻人吞吞吐吐地回答道。

"既然没有人捆住你，何谈解脱呢？"霎时，年轻人醒悟了。

看到这个故事，我们也许会觉得故事中的年轻人很可笑，四处寻找解脱烦恼的方法。其实，我们很多时候也像故事中的年轻人一样在自寻烦恼。

张奶奶已经六十高龄了，本是到了享受天伦之乐的时候了，可是，她常常为很多事而忧虑，比如，儿子回来晚了，她就会担心儿子是不是出了什么事，怎么现在都不回来；女儿好久没回来看她了，她又担心女儿最近是不是生病了，怎么这么久都不来看她；孙子周末跟小朋友一起出去玩，她便担心别的小朋友会不会欺负孙子等。除此之外，还有一件事一直萦绕在她心头，她常常担心，如果她离去了，她的儿子怎么办？媳妇会像她一样关心她儿子吗？张奶奶一直这样想，时间久了，她的身体一天不如一天，终于有一天她病倒了。

医生给她诊断，以为她得了什么病，可是，一诊断才发现，她并没有得什么病。医生看了看她的脸色，又检测了体温，最后问道："你最近是不是有什么忧虑的事啊？"

张奶奶长长地叹了一口气说："我这身体一天不如一天，你说如果我撒手离去，我儿子怎么办啊？”

医生一听，就知道原因所在了，哈哈大笑着说道：“你担心的太多了，没有发生的事，你怎么可以去随意猜测，你现在的身体还很硬朗，怎么可以去想那么遥远的事？再说了，你儿子已成家立业了，不再需要你像小时候那样去照顾他了，相反地，他更应该照顾你。”

张奶奶一听医生的话，觉得很有道理，心里豁然开朗，病也不治而愈。

为明天忧虑的人是活在否定之中，是对自我能力的否定，对光明前路的否定；为明天忧虑的人是活在肯定之中，预先肯定了生活的无奈，预先肯定了明天的难处。为明天忧虑，就是无端地为今天的生活平添了几分难处；为明天忧虑，就是无故地为今天的心灵徒增几分沉重。

明天不可忧，也没有办法忧，因为人无法预知明天；明天不可虑，也没有办法虑，因为人不能掌控明天。那么，为什么还要为那无法预知的明天而眉头紧锁呢？

一辆载满乘客的公共汽车沿着下坡路快速前进着，有一个人在后面紧紧地追赶着这辆车子。一个乘客从车窗中伸出头来对追车子的人说：

“老兄，算啦，你追不上的！”

“我必须追上它，”这人气喘吁吁地说：“我是这辆车的司机！”

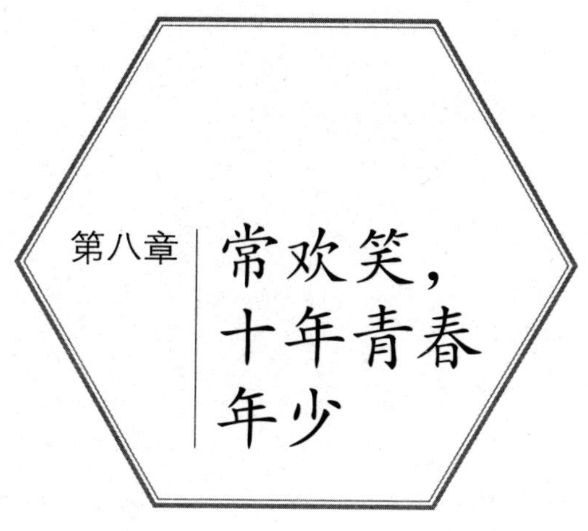

第八章 常欢笑，十年青春年少

笑是人间最美的语言，它不仅可以帮助你与他人沟通，还有利于你的身心健康。多笑一笑吧，你的生活会更美好，你的明天会更加灿烂辉煌。

谈笑风生，豁达豪迈

面对世事沉浮，首先就要有豁达的襟怀。那么豁达是什么？豁达就是记住别人给自己的恩惠，忘却别人给自己的伤害；豁达就是留住感恩，抛却怨恨和报复；豁达就是不计较一城一池的得失……

有一天，佛陀在竹林精舍休息的时候，忽然有一个婆罗门愤怒恶言地冲进精舍来。因为他同族的人都到佛陀这儿来出家了，所以，他大发雷霆。

佛陀默默地听完婆罗门的无理取闹之后，等他稍微安静下来，说道："婆罗门呀！你家偶尔也有访客吧？"

婆罗门没想到佛陀会问这问题，大声说道："当然有，何必问此？"

佛陀又问道："婆罗门呀，那个时候，偶尔你也会款待客人吧？"

"那是当然的啊！"

佛陀望了婆罗门一眼，继续问道："婆罗门呀，假如那个时候，访客不接受你的款待，那么那些菜肴应该归于谁呢？"

婆罗门想也没想，就回答道："要是他不吃的话，那些菜肴只好再归于我！"

佛陀以慈眼盯了婆罗门一会儿，然后说道："婆罗门呀，你今天在我面前说了很多坏话，但是我不接受它，所以，你的无理取闹，那是归于你的！如果我被谩骂，而再以恶语相向时，就犹如主客一起用餐一样，因此我不接受这个'菜肴'！"

婆罗门若有所悟，低下了头。佛陀继续说道："对愤怒的人，以愤怒相向，是一件不应该的事。对愤怒的人，不以愤怒相向的人，将可得到两个胜利：知道他人的愤怒，而以正念镇静自己的人，不但能胜于自己，也能胜于他人。"

后来，婆罗门就在佛陀门下出家，不久，成为阿罗汉。

面对婆罗门的无理取闹，佛陀没有以愤怒相向，而是巧妙地举出了请客吃饭的例子，以豁达的胸怀让婆罗门明白了：对愤怒的人，以愤怒相向，是不应该的，不以愤怒相向，不仅能化解对他人的怨恨，还能让自己多结交一个朋友。

是的，我们只有像佛陀那样以豁达的胸怀面对人生的爱恨情仇，只有让我们的心灵走出痛苦的监狱，卸下沉重的镣铐，我们才能得到更多的朋友，才能得到更多的快乐，才能拥有更幸福美满的人生。

南非总统曼德拉曾经因为领导反对白人种族隔离政策而入狱，白人统治者把他关在荒凉的大西洋小岛罗本岛上27年。当时曼德拉年事已高，但是白人统治者依然像对待年轻犯人一样对他进行残酷的虐待。

罗本岛位于离开普敦西北方向7英里的桌湾，岛上布满岩石，到处都是海豹、蛇及其他动物。曼德拉被关在总集中营的一个“锌皮房”，白天打石头，将采石场采的大块石头碎成石料。有时从冰冷的海水里捞取海带，还采石灰——每天早晨排队到采石场，然后被解开脚镣，在一个很大的石灰石场，用尖镐和铁锹挖掘石灰石。由于曼德拉是要犯，专门看管他的看守就有3个。他们对他并不友好，总是寻找各种理由虐待他。

然而，1991年，曼德拉出狱当选总统。谁也没有想到，曼德拉在他的总统就职典礼上作出了一个震惊世界的举动。

总统就职仪式开始后，曼德拉起身致辞，欢迎来宾。他依次介绍了来自世界各国的政要，然后他说，能接待这么多尊贵的客人，他深感荣幸。但令他最高兴的是，当初在罗本岛监狱看守他的3名狱警也到场了。随即，他邀请他们起身，并把他们介绍给大家。

曼德拉博大的胸襟和豁达的态度，让那些残酷虐待了他27年的白人汗颜，也让所有到场的人都肃然起敬。看着年迈的曼德拉缓缓站起身来，恭敬地向3个曾关押他的看守致敬，在场的所有来宾以至整个世界都静下来了。

后来，曼德拉向朋友们解释说，自己年轻时性子很急，脾气暴躁，正是在狱中的生活使他学会了控制情绪，因此才活了下来。牢狱岁月给了他时间与激励，使他学会了如何处理自己遭遇的痛苦。他说，豁达与宽容经常是源自痛苦与磨难的，必须以极坚定的毅力来训练。因此，获释当天，他的心情很平静，他说，当时我这样想：“当我走出囚室、迈过通往自由的监狱大门时，我已经清楚，自己若不能豁达地对待当初的悲痛与怨恨，那么我其实仍在狱中。”

曼德拉的故事告诉我们：要以豁达的心胸去面对怨恨，才能一步一步地走向成功。但凡做大事者，几乎都有豁达、开阔的心胸。

《三国演义》中的曹操虽兵败赤壁，几乎全军覆没，但在危难关头，他依然仰天大笑，用豁达的心胸发出“胜败乃兵家常事”的感叹。最终，他以顽强拼搏的精神带领残余部下走出泥沼扬长而去。

古希腊神话中有一位大英雄叫海格力斯。有一天，海格力斯走在坎坷不平的山路上，发现脚边有个袋子似的东西很碍脚，于是他用力地踩了那东西一脚。让他没想到的是，那东西不但没被踩破，反而还膨胀起来，并且加倍地扩大着。

海格力斯一看这情况，立即恼羞成怒，操起一个碗口粗的木棒使劲儿地砸它，但是那东西不但没被砸小，竟然长大到足以把路堵死了。海格力斯更加气愤了。

正在这时，山中走出一位老人，他对海格力斯说：“朋友，快别动它，忘了它，离开它远去吧！它叫仇恨袋，如果你不侵犯它，它便小如当初；如果你侵犯它，它就会膨胀起来，挡住你的路，与你敌对到底。”

愤怒、仇恨等就像那个仇恨袋，越积会越多，越积会越大，最后大到阻塞我们的幸福之路。

因此，我们必须学会豁达。对一个人而言，豁达意味着胸怀、风度、气质，意味着感召力、亲和力和凝聚力。那么如何从狭隘走向豁达呢？首先，要摒弃各种世俗杂念，少去理会那些堵塞心胸的噪音、玷污举止的画面。其次，要善于原谅人，多和诚恳之人交朋友，从他们身上学习许多为人之道。做到这两点，我们就能慢慢拥有豁达的心胸了。

豁达是一种博大的胸怀和超然洒脱的态度。一个人的性格，往往在大胆中蕴涵了鲁莽，在谨慎中伴随着犹豫，在聪明中体现了狡猾，在固执中折射出了坚强。有时羞怯会成为一种温柔，暴躁会表现为力量与激情，但无论如何，豁达对于任何人，都是一种难得的品格。

人生在世，总会有许许多多的风雨坎坷，怎样活得快乐？怎样活得轻松？其实，只要你豁达些，有许多问题就会迎刃而解，同一件事，想开了是天堂，想不开就是地狱。

华盛顿有一位年轻的秘书。一天早晨，秘书迟到了，看见华盛顿正站在那里等候，心里感到很内疚，就说：“我的手表出了毛病，所以迟到了。”

华盛顿听了，平静地回答：“恐怕你得换一只表，否则我就要换一位秘书了。”

谈笑风生，豁达豪迈

每天一个甜蜜的笑靥

有一位诗人说：“我最喜欢的一朵花是开在别人的脸上。”甜蜜笑靥就是盛开在人们脸上的花朵，是升起在人们心中的太阳，是一个人能够献给渴望爱的人们的高贵礼物。

世界上最美的笑容就是从内心最深处所表现出来的真诚笑容，如婴儿般天真无邪。

小梅一家住了十几年的平房，今年夏天终于要搬到高楼里住了。尽管那是一座旧楼，但小梅仍然掩饰不住心中的美意，决定去看看“新家”。

然而，当小梅一脚踏进闷热的电梯间时，那种高兴劲顿时减少了一半，一张伤痕累累的桌子将电梯间一分为二，桌子后的高椅子上坐着一位40多岁的冷面电梯员。小梅看着那张冷脸，顿时感觉气温降到了零度以下。

“几层？”电梯员冷冷地问道。

“9层。”小梅见此，为了缓和一下气氛，赶紧利用平时人际关系的功底露出了一个微笑，“阿姨，您的工作挺辛苦的，在这么热的电梯间工作。”

“可不是吗？”电梯员冰冷的脸庞开始融化，“这么小的地儿，就这么一个小电扇，一坐就是6小时……姑娘，9层已经到了。”最后，电梯员还笑着提醒道。

望着电梯员的笑脸，小梅的心情又好了起来。那一刻，她忽然明白：微笑犹如一股暖流，瞬间就可以温暖对方的心。后来乘电梯时，小梅和电梯员聊得更多了，更亲切了。

小梅家装修的那一天，小梅和几个装修工带着木料来到电梯前，一比划，木料放不进去。就在这时，电梯员阿姨的声音传进她耳朵：“小梅，来，把我的桌子和椅子搬出去，你再把木料一斜，就能放进来了。”果然，不一会儿，他们就到了9层。

邻居见小梅家的木料运送如此之快，禁不住问小梅：“你们是怎么把木料运上来的？”

小梅爽快地回答道：“电梯呀！”

“啊？我们同样长的木料，电梯员说电梯里放不下，我们只好走楼梯！9层啊，我们一层层地扛上来的！”邻居惊愕地说道。

小梅瞬间明白了是怎么回事。从那以后，她对别人更加热情了，脸上时常挂着甜蜜的笑靥。

邻居们做不到的事，小梅却轻易地做到了，原因是小梅脸上挂着甜蜜的笑靥，她用笑容融化了电梯员阿姨那张冰冷的脸庞。然而，现在的社会，竞争愈来愈激烈，生活节奏愈来愈快，人们只顾着忙乎自己的事，却已经很少关心别人了。在这种情况下，人们的内心深处更需要别人的理解和关怀，此时，给他们一声问候和一点儿关心，满足他们情感上的需求，他们就会用热情来回报你。

史坦哈已经结婚18年了，在这段时间里，从早上起床到上班这段时间，他很少对他的太太微笑，或者说几句话。如此一来，他发现自己渐渐地成了一个闷闷不乐的人。于是，他决定去参加一个教育培训班。在那里，他被要求以微笑的方式来打招呼。因此，他决定先试一个星期。

在接下来的这个星期里，史坦哈去上班时，就会对大楼的电梯管理员微笑着说一声“早安”；走出大门时，微笑着跟大楼门口的警卫打招呼；来到地铁口时，对地铁的检票小姐微笑；来到办公室时，对同事们微笑……

史坦哈很快就发现，每一个人也都会对他报以微笑。有一天，史坦哈跟他的一位同事谈论起了自己最近在微笑方面的体会与收获，并声称自己为所得到的结果而感到高兴。

那位同事听了他的诉说，微笑着说：“我最初跟您共用办公室的时候，我认为您是一个闷闷不乐的人。直到最近，我才改变了对您的看法，当您微笑的时候，充满了慈祥。”

史坦哈从愁眉苦脸到对任何人都报以甜蜜笑靥，最后别人也以微笑回报他，看到大家的笑容，他的心情自然就愉快起来。心情好，他的工作效率也随之提高，与同事们的关系也十分融洽了。

世界上的每一个人，都想追求幸福。那么，如何获得幸福呢？其中一个可以得到幸福的可靠方法，那就是微笑着面对每一个人，将你的笑意融进他人的心里，一点儿一点儿地缩短你们之间的距离。记住：每天一个甜蜜笑靥，你将收获更多的快乐。

一次，霍勒斯·格里利在火车上看见邻座正在读一份《太阳报》，便与他攀谈起来，并建议他买《纽约论坛报》来读。

但是，让霍勒斯·格里利没想到的是，邻座说："我也买《纽约论坛报》，不过我买它是用来擦屁股。"

格里利一听，十分生气，但又不好发作，就对他说："噢，只要你坚持这样做，那么用不了多久，相信你的屁股会比你的脑袋更聪明。"

且灭嗔中火，休磨笑里刀

唐代诗人白居易在《无可度》中写道：“且灭嗔中火，休磨笑里刀。”这句诗告诫我们做人要厚道，要乐于助人，不要投机取巧，坑害他人。“雪中送炭”告诉我们在别人需要帮助的时候，我们应该伸出援助的双手，帮助他们渡过难关。其实，在帮助他人时，也是在帮助自己。

齐炳寿与齐炳义是叔伯兄弟，齐炳寿靠养猪发了家，在村子里算是有头有脸的人物，而齐炳义却是村里有名的“愣头青”，游手好闲，好赌成性。

有一天，齐炳义又输光了钱，就去找堂兄齐炳寿借两万块钱。齐炳寿问道：“借钱做什么？”

齐炳义支支吾吾地回答说：“养猪需要些钱。”

齐炳寿想了一会儿说：“数额较大，一时拿不出来这么多，过两天凑齐后再借给你。”齐炳义道过谢后，便走了。

齐炳寿的妻子得知这件事后，生气地说道：“他准是把钱输光了，才找你借。如果把钱借给他，肯定是‘肉包子打狗——有去无回’。”齐炳寿听了妻子的话，没有吭声。

第二天一早，齐炳寿主动去找齐炳义，问他：“你打算在什么地方建猪舍？”齐炳义支支吾吾，一会儿说东，一会儿说西。

最后，齐炳寿说：“我看这样吧！还是在我猪舍的东边盖吧。一来那里水方便；二来我在那，咱们兄弟之间也好有个照应。下午，我陪你去联系一下施工队。”齐炳义见此，只好假戏真做，便点了点头。齐炳寿便开始拉着他联系施工队，购买建筑材料，选购养猪用具。刚开始时，齐炳义不大情愿，但后来看到堂兄是真心帮自己的，也就主动干起来了。

一个多月后，齐炳义的猪舍建好了，并通上了水电。做好这一切后，齐炳寿又帮他买了100多头小猪崽，而且一有空便去齐炳义的猪舍指导他如何饲养猪。

从那以后，齐炳义整天都忙着照看猪舍，再也没有时间去赌博了。4个月后，第一批猪出栏，齐炳义赚了1万多元，手里拿着钞票，他下定决心要好好干。到了年底，他的家里又换了新彩电。

新年的一天，齐炳寿去齐炳义家串门，正好碰上王大朋在齐炳义家要账。

王大朋大声说道：“怎么着，你以前输的钱不认了？”

齐炳义也生气地回答道：“老子没钱，你能把我怎么着？”

齐炳寿一见这情况，便急忙上前劝解，好不容易才把王大朋劝走。回到屋里，齐炳寿还没坐下来，齐炳义便对妻子说：“你把钱给咱哥。”

齐炳义的妻子便急忙把一沓钱递给齐炳寿，说：“这是你帮俺建猪舍和买猪崽的钱，共22000元，哥，你数数。”

齐炳寿急忙说：“22000元，没用这么多钱。”

齐炳义说：“哥，你拿着，多的是利息。”说完，他便把钱硬塞给了齐炳寿。

一年后，齐炳义的家境大为好转，他也没有再去赌博，他非常感谢齐炳寿。齐炳义的妻子常跟人说：“多亏炳义有个好哥，让他干了正事，俺也跟着过上了好日子。”

齐炳义赌博输了钱，向齐炳寿伸手借钱，并撒谎说要养猪。齐炳寿尽管知道他在撒谎，但并没有拆穿他，反而因势利导，向他伸出援助的手，垫钱帮他盖猪舍、买猪崽，并手把手地教他养猪。“精诚所至，金石为开。”齐炳义虽是当地有名的“愣头青”，但还是被齐炳寿感化了，走上了致富的道路。

假如齐炳寿没有一颗帮助他人的心，他不仅不能得到堂弟齐炳义的赞赏，而且还会伤及他们兄弟间的感情，齐炳义也还是那个“愣头青”。由此可知，我们应该多帮助他人，而不应“隔岸观火”。

然而，在如今这个社会里，很多人都喜欢“隔岸观火”。不仅如此，连背后投机取巧这样的行为也出现了。这些人总想不劳而获，自己没有什么勇气，却总是自吹自擂，为了达到目的，便采取投机取巧的方式，最终害人害己。

蓝月和杜娟两个人在一家公司工作，平时两人相处很融洽。年终，公司搞推广策划评比活动，每个人都可以拿出自己的方案，优胜者有奖。

蓝月觉得这是一次很好的展示自我的机会。经过半个月的深入调研，再加上平时对市场工作的观察思考，蓝月很快就作出了一个非常出色的策划案。

在方案征集截止日的最后一天，杜娟突然叹了一口气说：“哎，蓝月啊！我心里有点儿紧张，心里没底啊，你帮我看看方案，提提意见。”蓝月想都没想就答应了。杜娟的策划很一般，没有什么创意，蓝月看完没好意思再说什么。

杜娟用探究的目光盯着蓝月，说：“让我也看看你的方案吧。”蓝月心里很懊悔，但自己刚才看了人家的，现在没有理由不让别人看自己的方案。幸亏明天就要开大会了，她想改也来不及了，因此，就拿出自己的文案让她看。

然而，第二天，出乎意料的事发生了。由于杜娟的资历老，按次序先发言，她讲的方案跟蓝月的方案一模一样。在讲解时，她对老板说：“很遗憾，我现在只能讲述自己的口头方案，电脑染上病毒，文件被毁了，我会尽快整理出书面材料。”

蓝月霎时目瞪口呆，她没想到杜娟会抢自己的功劳，她不敢把自己的方案交上去，也不敢申诉，因为她资历浅，怕老板不相信自己，只好伤心地离开了这家公司。

杜娟的方案得到了老板的认可，但由于方案不是她自己的，有些细节不清楚，在执行方案时出了不少错，她又无法及时修正，结果失败了。后来，老板得知她是抢蓝月的方案时，就无情地炒了杜娟的鱿鱼。

故事中杜娟的行为就是一种投机取巧的行为，为了达到目的，竟然利用别人对自己的信任盗用了别人的创意。她虽然得到了一时的满足，但是随着时间的推移，加上她并没有彻底地了解那个方案，在执行时出了好多错，最终被公司无情地辞退。所以说，投机取巧最终将害人害己。

“且灭嗔中火，休磨笑里刀。”我们只有多帮助别人才能得到别人的帮助。

助人为乐并不是要做一些惊天动地的大事，而是做那些十分普通的小事。要做到助人为乐，就要摒弃私心杂念，不能处处为个人利益着想。遇事要多替别人考虑，主动伸手帮助那些需要帮助的人。因为在帮助别人的同时，我们自己也收获了快乐。

有一天，几个革命同志闲来无聊，为了打发时间，就凑齐四个人，一起打麻将娱乐。不料，这场景却被孙中山先生撞见了。他们自知犯错，一阵惊慌，都低下头，不知所措。

孙中山面对如此尴尬的场面，笑着说：“继续打下去，其实，打麻将很像我们革命起义，这一局输了没什么关系，但是寄希望于下一局，永远充满了机会，永远充满了希望。”

微笑着面对人生

当我们哭着来到这个世界上时，我们就开始了人生之旅。生命只有一次，我们如何面对人生是我们必须思考的问题。

人生不可能一帆风顺，总是要经历风雨，如果人生太过顺利了，人们的斗志往往会被消磨掉。所以，不管你的人生是苦还是甜，都请用微笑来面对吧！

给人生一个真诚的微笑，无论你是在成功的顶峰，还是在失败的谷底；无论你是为爱兴奋，还是为恨伤怀；无论你是为错过而痛悔，还是为忽略而失落……我们都要用生命之初最本质的宽容和坦荡，给心灵找个休憩的家，那么你的人生将天高海阔。

百货商店里，有一个穷苦的妇人，带着一个大约4岁的小男孩在商店里转。他们走到一架快照摄影机旁，孩子拉着妈妈的手说："妈妈，让我照一张相吧。"

妈妈弯下腰，把孩子前额的头发拢在一旁，很慈祥地对他说：“不要照了，你的衣服太旧了。”

孩子沉默了片刻，抬起头来，用一双清澈的眼睛望着母亲说：“可是，妈妈，我仍然面带微笑的。”

看到这则故事，我们不得不为故事中的那个小男孩所感动。即使生活很贫困，即使身上的衣服很破旧，他仍然面带微笑，用微笑来面对生活中的种种不幸。

一位西方哲学家曾说：“如果极为艰苦恶劣的环境也不能毁掉一个人对生活的热爱，甚至不能使他改变对生活细节的追求，那么他的灵魂一定是高尚的。”是的，如果我们在生活的摄像机前也像那个贫穷的小男孩一样，即使穿着破烂的衣服，一无所有，也能坦然而从容地微笑，那么我们的人生将充满阳光。

有一年，非洲的一座火山爆发后，随之而来的泥石流狂泻而下，迅速流向坐落在山脚下不远处的一个小村庄。小村庄里的农舍、良田、树木等都没有躲过这场劫难。

滚滚而来的泥石流惊醒了睡梦中的一位小女孩，她14岁。当时，流进屋里的泥石流已经上升到她的颈部，她只露出双臂、颈和头部。匆匆赶来的营救人员围着她一筹莫展，因为对于遍体鳞伤的她来讲，每一次拉扯无疑都是一种更大的肉体伤害。

此时，她家的房屋早已倒塌，父母已被泥石流夺去生命，她是村里为数不多的幸存者之一。后来，当记者把摄像机对准她时，她始终没叫一个“疼”字，而是咬紧牙微笑着，不停地向营救人员挥手致谢，两手指摆出表示胜利的“V”字形。她坚信政府派来的救援部队一定能救她。可是，营救人员最终也没能从泥石流中救出她。她始终微笑着挥动着双手，直到一点儿一点儿地被泥石流所淹没。

在生命的最后一刻，故事中的小女孩脸上没有露出一点儿痛苦失望的表情，反而露出坚强的微笑，并且手指一直保持着“V”字形状，那一刻在场的人都含泪目睹了这庄严而又悲惨的一幕。

死神可以夺去人的生命，却永远夺不去在生命关头那种“V”字所蕴涵的精神。在人生的道路上，遇上挫折、困难甚至绝境是在所难免的，最重要的是我们能坦然面对，自信自强，让灵魂始终微笑，高举那面叫作自信的胜利之旗。因为穿透灵魂的微笑，常常在生命边缘蕴涵着震撼世界的力量，让人生所有的苦难都如轻烟一般飘散。

守候着生命伊始的梦，给生命一个真诚的微笑，那么周围的一切都会因闪耀着美丽而令我们无法割舍，我们不必苛求生活，不必怜悯自我，不必怨天尤人，不必愁苦太多。

生命是美丽的，只要我们用心去谱写生命的每个音符，它们就能奏响美妙的乐音。我们要善待生命，给它一个真诚的微笑；我们要感悟生活，给它一个真正的洒脱。少一点儿伤怀，少一点儿冷漠；多一分微笑，多一分超然。朋友们，爱微笑，也就是爱自己；懂得了微笑，也就懂得了生活。

微笑的人并非没有痛苦，只不过他们善于把痛苦锤炼成诗行；微笑着的人并非没有眼泪，只不过他们善于把眼泪化作灯盏，照耀着前行的道路。微笑具有热情和友善，具有欢乐和轻松，具有接纳和体贴，具有宽容和豁达。给生命一个微笑，将拥有温暖的春光、空旷幽静的小河、蔚蓝高远的晴空和生命中最为动人的凯歌；给人生一个真诚的微笑，我们便拥有了人生中无可比拟的美丽和洒脱。

不论你现在从事什么工作，也不论你目前遇到了多么严重的困难，甚至你的人生遭遇了前所未有的打击，都要用微笑去面对它们。相信所有的一切都会在你的微笑面前低头。因为微笑能够让你散发出不一样的气质和魅力，能够把你的人生点缀得绚丽多彩！因为微笑永远是我们生活中的阳光雨露。

有一天，一位客人到门捷列夫家串门。这人一进屋就喋喋不休地讲个不停。

过了很久，客人问道：“我使您感到厌烦了吗？”

门捷列夫回答说：“不，没有……你说到哪儿去了。”

门捷列夫接着说：“请讲吧，继续讲吧，你并不妨碍我，我在想自己的事情……”

第九章 苦中苦，苦尽甘自来

“宝剑锋从磨砺出，梅花香自苦寒来。”苦虽然折磨人，但吃苦也是一种锻炼人的方式。人只有尝过了苦的滋味，才能品味出人生的甘甜。不要惧怕苦，须知“吃苦是福”。

痛苦是通往天堂的梯子

塞涅卡说：“没有谁比从未遇到过不幸的人更加不幸，因为他从未有机会检验自己的能力。”这句话告诉我们痛苦是一架梯子，对于强者来说，它通向成功的殿堂；对于弱者来说，它则通向黑暗的地狱。

人生就是痛苦和幸福的综合体，每一个人都摆脱不了痛苦。痛苦既是一种折磨，又是一种力量，它不仅能磨炼一个人的意志，而且还能指引人靠着耐心和韧劲走出苦难之海。

据生物学家研究，飞蛾由蛹变成幼虫时，翅膀萎缩，十分柔软。在破茧而出时，必须要经过一番痛苦的挣扎，身体中的体液才能流到翅膀上去，翅膀才能变得坚韧有力，才能让它在空中飞翔。

有一天，一个小孩看见一只茧在一棵树上蠕动，他感到非常好奇，感觉有飞蛾要从里面破茧而出。于是他饶有兴趣地停了下来，准备见识一下蛹变成飞蛾的过程。

小孩静静地看着飞蛾在茧里挣扎，可是，过了好一会儿，飞蛾还在茧里奋力挣扎，一直不能挣脱茧的束缚，似乎再也不能破茧而出了。小孩看到飞蛾难受的样子，心里很不忍，就暗自想：帮它出来吧！于是，他找来一把剪刀把茧上的丝剪了一个小洞，让飞蛾更容易摆脱束缚。

果然不出小孩所料，不一会儿，飞蛾就从茧里很容易地爬了出来，但是它的身体却非常臃肿，翅膀也异常萎缩，耷拉在两边伸展不起来，飞蛾跌跌撞撞地爬着，却怎么也飞不起来，没过多久，它就死了。

小孩看到飞蛾死去，伤心极了，可是，他却不知道正是他的好心，飞蛾才不能展翅飞翔的。

飞蛾之所以能够自由自在地飞翔，是因为它经受了一番痛苦的挣扎。如果没有经受过这种痛苦挣扎，那么它将像故事中的飞蛾那样，不仅不能展翅飞翔，而且很快就会毙命。人亦如此，如果一个人没有经受过痛苦的煎熬，那么他的人生将不堪一击。

有一个工匠拿着尖锐的刀子，在一根竹子身上一刀刀地削刻、穿洞。竹子痛得哇哇大叫，央求道:“请你住手吧！我真的痛得不行了。”

工匠望着竹子，长长地叹了一口气，说道：“你这笨竹子，如果我不在你身上凿一个洞的话，你永远就只是一根普通的竹子而已。一根光溜溜的竹子，是不可能发出美妙的声音来的。”

竹子很委屈地诉苦道："但是真的很痛！"

工匠很严肃地说道："虽然我穿这些洞会让你受伤，会让你感觉到很疼痛，但你如果忍不住痛的话，你永远都不能成为一支箫。我的刻削是为了让你成为一种有价值、有用途的乐器啊！"

竹子听了工匠的话，终于低下头，不再吭声。

一根普通的竹子，如果不经过穿洞的痛苦，怎么可能成为一支发出悦耳之声的箫或笛子呢？箫或笛子之所以能发出那么美妙的声音，就在于它经受住了穿洞的痛苦。不经一番寒彻骨，怎得梅花扑鼻香？人亦如此，如果一个人的成长，没有经历过生活的磨炼，就不可能成为国家的栋梁之才。

在同一座佛山上，有两块相同的石头，但几年后它们却有着截然不同的结局。一块石头受到世人的膜拜，而另一块石头却没人理睬。

有一天，没人理睬的那块石头极不平衡地说道："老兄呀，我们是同样的石头，为什么命运差距会这么大？"

另一块石头淡淡地回答道："你还记得几年前的那件事吗？那年，山里来了一个雕刻家，雕刻家在我们身上一刀一刀地刻，你害怕痛，吃不了那苦，而我却忍受着一刀刀的痛，最终变成了一个佛像，而你还是那块石头。所以，世人膜拜我而不理睬你啊！"

受人膜拜的那块石头巧妙地回答了另一块石头的问话，它之所以受到人们的敬重，是因为它忍受了另一块石头无法忍受的痛苦。

同样的道理，磨难、历练是一个人必须经历的事，也是一笔财富。经受了痛苦，人才得以成熟，意志才得以磨炼，性情才得以锻造，所积累的知识才得以升华。

痛苦是通往天堂的梯子，不要惧怕痛苦，而要把双脚踩在痛苦上，奋勇前进，化悲痛为力量，那么，你终将取得成功。

有一次，冯骥才在美国佛拉斯达夫一家小店吃饭。

服务员是一位打工的大学生，她微笑着对冯骥才说："我们这饭店无所不能，凡是你想到的都能做。"

冯骥才想了想，回答说："就来一份冰雹烩钥匙吧，钥匙烧得嫩点儿。"

你的沉稳和机智为公司赢得了巨大利润，辛苦你了……
谢谢刘总夸奖，我相信只有经历一个又一个的挫折，才能锻炼出过硬的业务能力……

痛苦是通往天堂的梯子

并非每一次不幸都是灾难

老子说："祸兮福之所倚，福兮祸之所伏。"这句话的意思是祸与福互相依存，可以互相转化，比喻坏事可以引出好的结果，好事也可以引出坏的结果，可以说并非每一次不幸都是灾难。因此，我们要用辩证的眼光来看待世间的幸与不幸。俗话说："失之东隅，收之桑榆。"我们在失去一件东西时，却得到了另一件东西。其实，得与失、祸与福都是相对的，而不是绝对的。

上帝为你关上一扇门，必将会为你开启一扇窗。也许它多给你一分美貌，就会少给你一分智慧；它多给你一分经验，就会让你多经历些磨难………

有一天，农民把一个稻草人插在田埂上。稻草人头上顶着一顶破草帽，身上套件宽大的青布衣裳，孤独地守护着一片麦田。

稻草人望着孤寂的麦田，想起那些成群结队的鸟儿时，就自言自语道："我的身躯来自这片原野，我的心依然是那颗朴素的稻草心，可你们为什么要怕我呢？仅仅是因为我披上了人的衣裳吗？"

稻草人见没有人理会它，叹着气自语道："这里曾经草长莺飞，也许是我的到来打乱了这和谐的场景……"

稻草人的话还没说完，一只停在它肩头上的云雁就打断它的话，大声说道："不，你错了。我们曾经在这片田野上肆无忌惮，我们的兄弟姐妹为此付出了惨重的代价。但是，你的到来却警醒了我们，让我们心存畏惧，用警惕的眼光来看这个世界。因此，我们才得以险中求活。相反地，假如没有我们的侵扰，你也不会站在田边。"

稻草人恍然大悟。

这虽然是一个寓言故事，但故事中云雁的回答却给了我们深刻的启示：祸与福是能相互转化的。

凡事都有两面性，关键在于你以什么样的态度去面对它。在创业路上，假如你以消极的态度去面对挫折，那么毫无疑问，你最终将会走向失败；假如你以积极乐观的态度去面对苦难，从失败中总结经验教训，那么你离成功就近了一步，而且最终会走向成功。

战国时期，在靠近北部边城的地方住着一个老人，名叫塞翁，他养了许多马。有一天，他的马群中忽然有一匹马走丢了。邻居们听说这件事后，都跑来安慰他，劝他不必太着急，年龄大了，要多注意身体。

塞翁见有人劝慰，笑了笑，对邻居们说："丢了一匹马损失不大，没准会带来什么福气呢。”

邻居听了塞翁的话，心里都暗自觉得好笑。马丢了，这分明是件坏事，而他却认为也许是好事，显然是在自我安慰。

让邻居们没想到的是，过了几天，丢失的马不仅自己回家了，还带回一匹匈奴的骏马。

邻居听说了这件事，非常佩服塞翁的预见，于是都来向塞翁道贺说：“还是您有远见，马不仅没有丢，还带回一匹好马，真是有福气呀。”

塞翁听了邻居们的祝贺，一点儿都不高兴，十分忧虑地说：“白白得了一匹好马，不一定是什么福气，也许会惹出什么麻烦来。”

邻居们都以为他故作姿态，纯属老年人的“狡猾”，心里明明高兴，却有意不表现出来。因此，大家都闷闷不乐地回去了。

果然不出塞翁预料，不幸的事真的发生了。塞翁有个独生子，非常喜欢骑马。他发现那匹匈奴马顾盼生姿，身长蹄大，嘶鸣嘹亮，剽悍神骏，一看就知道是匹好马。于是，他每天都骑马出游。

然而一天，塞翁的儿子太高兴了，打马飞奔时，从马背上掉了下来，摔断了腿，成了跛子。邻居们听说了，又纷纷前来安慰。

塞翁说：“这没什么，腿摔断了却保住了性命，或许是福气呢。”

邻居们听了，觉得他又在胡言乱语。他们想不通，摔断腿会带来什么福气。不久，匈奴兵大举入侵，青年人都被应征入伍，塞翁的儿子因为摔断了腿，不能去当兵。后来，入伍的青年人都战死了，唯有塞翁的儿子保全了性命。

这个故事很好地说明了好事与坏事是可以相互转化的。有些事看上去是好事，却可能转变为坏事。相反，有些事看上去是坏事，却可能转化为好事。塞翁能看透这一点，看淡得与失，不得不让我们佩服。

假如我们能够在得与失面前洒脱一点儿，那么我们就不会有那么多烦恼。也许你会说，不计较得与失，人就会变得消极了，会听天由命。其实不然，认识得与失是为了改变做事的态度：遇事不惊，泰然处之。

关于苦难，高普一语道破天机，他说："并非每一次不幸都是灾难，早年的逆境通常是一种幸运。与困难作斗争不仅磨炼了我们的意志，还为日后更激烈的竞争准备了丰富的经验。"所以，在不幸面前，不要气馁，不要伤心，要相信今天的不幸是明天腾飞的翅膀。

有一次，一位自以为是的青年，写了一些很低劣的诗，向雪莱请教。雪莱看了他写的诗之后，郑重地对那位青年说："你的诗缺少火！"

青年一听，很快就反应过来了，说："我知道了，您是说我的诗里热情不够，应该往诗里加点儿'火'。"

雪莱微笑着说："不对！我不是劝你往诗里加些'火'，而是劝你把诗放进火里去！"

吃过黄连苦，方知蜜糖甜

我们只有吃过了苦，才知道生活的滋味，才能从苦中悟出生活的真谛，从而增强自己应对挫折的能力。当我们处于较好的境况时，我们往往就会拿现在与之前作比较，虽然比上不足，但比以前却好多了，心里也乐于接受，也自然能体会到甜的味道。

然而，大多数人都不愿体会苦的味道。下面有这样一个故事：

有几个小孩子在不知情的情况下，买了一种苦味糖。他们小心翼翼地将糖纸撕开，然后将糖放进嘴里。

其中，有两个小孩一尝到苦味，就立即将口中的糖吐了出来，并且还连吐几口口水。过了好一会儿，才说："这糖怎么是苦的？真难吃！"但是，其中有一个小孩尝到苦味时，并没有将糖吐出来，而是一直含在嘴里。过了一会儿，他慢慢地感觉到甜味了。于是就津津有味地吃了起来。

其他几个小孩子看到他吃得津津有味，不解地问道：“你的糖不苦吗？我们都吐了，你怎么还在吃？”

这个小孩子笑着道出了其中的秘密，他说：“其实，这种糖只是外层有些苦，等外层化掉后，剩下的部分就格外甜了。”这时，大家才恍然大悟。

其实，人生就像那种苦味糖，将苦味化掉后，剩下的部分就甘甜了。然而，我们大多数人就像故事中的其他几个小孩子一样，一尝到苦味就早早地把糖丢弃，那么也就尝不到后面的甘甜了。苦不尽，哪有甘来，如果我们像故事中那个坚持到最后的小孩子一样，那么我们最终也会体会到人生的甘甜。

“宝剑锋从磨砺出，梅花香自苦寒来。”剑因为经受了长久的磨砺，才成为一把锋利无比的宝剑；梅花因为经受了苦寒的煎熬，才散发出扑鼻的芳香。人亦如此，吃过苦后，才能茁壮地成长，才能担当重任，才可能取得成功。古往今来，许多成功人士都是先吃过苦，最后才取得了成功。

孙康（生卒年不详），晋代京兆（今河南洛阳）人，官至御史大夫。

孙康出生在京兆的一户人家，幼时家道中落，十分贫困。为了生活，他白天常常去给别人干活。他从小就酷爱读书，因为白天要干活，所以晚上才有学习的时间。然而，他的家境又实在太穷困了，买不起油灯。望着漆黑的夜晚，孙康常常难以入眠。

这年冬天，天气格外寒冷，每隔两三天都会下一场大雪。又是一个下雪的夜晚，孙康披着薄被蜷缩在床上。脑海里一遍又一遍地回想着天黑之前，自己背诵的那篇文章。寒风透过破旧的窗户吹进他的屋子，他伸出手拉了拉被子。

就在这时，孙康发现窗户那边越来越明亮，他疑惑地想：“天怎么就亮了呢，我还没睡觉啊？”

带着疑问，孙康披上衣服起了床，一打开门，一股寒冷的气流扑面而来。他情不自禁地打了一个冷战，但是接下来的另一番景象，让他眼前为之一亮。地上白了，屋顶白了，树上也白了。整个大地好像披上了一层银装。

“如此明亮的夜空，应该可以读书吧！”孙康突发奇想。于是，他立即跑进屋，拿出书来，用颤抖的双手翻开书页，站在屋檐下，开始读书。但是，望着书中那密密麻麻的字，他费了好大的工夫也猜不出一个字来。因此，他走出屋檐，来到空地上继续读书，然而，夜空总带着暗色。望着地上的积雪，他又把书映在积雪上，反光一看，果然字迹清楚。于是，孙康蹲下身子，开始认认真真地读起书来。

从那以后，孙康再也不用为没有油灯而发愁了。只要在有积雪的晚上，他都拿着书，在雪地里认真地读。有时，双手冷得不能翻书了，他就把手放到嘴边，不停地哈气，而眼睛却从没离开那本放在膝盖上的书。双脚冻麻木了，他就站起身来，在雪地里来回地走动，但嘴里一直默默地背诵着自己刚才背下的文章。寒风卷起积雪，吹在他的脸上，他用手拂去雪花，又继续读书。直到鸡鸣时，他才恋恋不舍地离开雪地，回到屋里睡觉。

整个冬天，孙康就这样在雪地里夜以继日地读书。终于，经过勤奋苦读，他成了一个很有名望的学者，并且步入仕途，做了御史大夫。

俗话说：“穷人怕过三九天。”但孙康为了能读书，在下雪的夜晚，都双手捧着书专心致志地读。试想一下，如果他不能吃苦，没有专心致志地读书，他怎么可能学到知识？如果他是一介莽夫，就算有机会让他做御史大夫，他也会感到心有力而余不足。

人生不可能一帆风顺，“吃过黄连苦，方知蜜糖甜”。用这条人生哲理不断鞭策自己忍受困苦，在困苦中不断前进，那么甘甜的生活肯定会向你招手。

一次，一位初出茅庐的作家带上自己写的电影脚本，请教卓别林说：“请问我写的电影脚本怎么样？”

卓别林接过剧作，仔细翻阅过后，摇了摇头说：“等你和我一样出名的时候你才能写这样的东西，而现在，你要写得特别好才行。”

接受痛苦，才能走出痛苦

生活中，有人为贫困而痛苦，有人为寂寞而痛苦，有人为一事无成而痛苦，有人为烦琐的生活而痛苦，有人为人情冷暖而痛苦，有人为爱人的离去而痛苦……

没有人喜欢痛苦，也没有人能够拒绝痛苦。那么面对这些痛苦，我们应该怎么办？有些人喜欢用酒来麻醉自己，以为自己喝醉了，就什么也忘记了，也就摆脱了痛苦。其实，第二天醒来，睁开疲惫的双眼，还是能清晰地感到那刻骨铭心的疼痛。

李白曾感叹“抽刀断水水更流，举杯消愁愁更愁”，这里的“愁更愁”就是酒难消愁的真实写照。那些非理性的措施只能让你暂时忘却痛苦，而不能让你永久地忘掉它。这些措施就好像做手术时用的麻醉剂，它麻醉了你的神经，也带走了你的痛苦，可是，药性过后，你依然要咬紧牙承受痛苦。

面对痛苦时，要学会接受痛苦，只有接受了痛苦，才能真正走出痛苦。

印度前总理甘地夫人是一位非常出色的女性。作为领袖，她为国家作出了杰出贡献；作为一个母亲，她是孩子心目中最好的老师。

有一次，甘地夫人12岁的大儿子拉吉夫生病了，要做手术。面对紧张恐惧的拉吉夫，医生打算说一些善意的谎言安慰孩子：“手术并不痛苦。”然而，甘地夫人却阻止了医生。她来到儿子床边，非常平静地对儿子说：“手术后有几天会很痛苦，谁也不能代替你受苦，因此你必须要有精神上的准备，哭泣和喊叫都不能减轻痛苦，可能还会引起头痛。所以，你必须学会接受痛苦。”

拉吉夫听了母亲的话，认真地点了点头。果然，手术前后，拉吉夫都没有哭，也没有喊，他勇敢地忍受了这一切。

甘地夫人深知如果孩子没有接受痛苦的意识，那么面对痛苦时，可能会无法承受痛苦。因此，她为了减轻孩子的痛苦，首先就让孩子学会接受痛苦。果然不出她所料，大儿子拉吉夫在做手术时，已经作好了面对痛苦的准备。

人的一生会经历很多痛苦，换句话说，人其实就是在痛苦中成熟和长大的。

在人生的道路上，痛苦与挫折是不可避免的。早一点儿学会接受痛苦，便会早一点儿坚强与成熟起来。

痛苦如野草，有“野火烧不尽，春风吹又生”的生命力，所以，痛苦是时时刻刻存在的。当痛苦划过心灵深处，令我们柔弱的心灵流出鲜红的血时，我们要学会如何把血擦干。要想走出痛苦，首先就要学会接受痛苦。

在很久以前，有一位居士。他在参访佛寺后，深深地被佛寺的庄严所震慑，因而动了新建佛寺的念头。可是，他转念又一想，自己只不过是一个平民而已，哪里有那么多的钱财来盖寺建塔呢？

就在他百思不得其解时，他忽然想起有人曾经说过深海中有稀世珍宝。于是，他暗自想：为何不潜入海中寻求珍宝，来建造第一大寺呢？

没过多久，居士果然如愿以偿，获得珍稀宝物而归。然而，获得宝物后，他又开始思考另一个问题："盖寺庙毕竟不是一件容易的事，一定要有人齐力合作才能够完成。那么应该找谁呢？"

经过几番思索，他决定将珍宝献给国王。来到皇宫，他见到国王，献上珍宝后，说出了自己的想法。国王见他如此诚恳，便答应派人修建佛寺。没过多久，第一大寺便拔地而起。

故事中的居士在一时无法实现自己梦想的情况下，并没有感到万分痛苦，而是坦然地承认自己能力有限，然后积极地寻找解决方法。在坚持不懈的努力下，他最终实现了自己的梦想。相反，如果他一味地沉浸于痛苦中，那么他还可能实现他的梦想吗？当然不能，也许早就被痛苦折磨得神形俱灭。那么如何学会接受痛苦呢？下面有三点建议：

1. 相信因果

所有的果（痛苦的经历）都是有因的，而这些因又都与我们相关联。这就是说，我们在年轻时，因为无知、思想尚不成熟而做了一些不该做的事（种下了因），后来，导致了痛苦的出现（结下了果）。所以，痛苦来源于我们自己。

2. 懂得人生无常

不论是顺境，还是逆境，好的、坏的都是无常的。放下执著，随时保持一颗平静的心来待人接物。因为执著越多，痛苦就越深。

3. 培养耐心、容忍心

没有耐心、容忍心的反应就是生气。生气的结果只有坏处，而不会有好处。所以，我们要培养耐心和容忍心。

学会接受痛苦，才能一步步地走向坚强，一步步地走向成熟，最终迎来幸福的生活。

有一次，伏尔泰参加了一个为人不齿的团伙的狂欢，为了原谅自己，他找了一个很有说服力的理由。第二天晚上，他们又邀请伏尔泰参加时，伏尔泰拒绝了。

邀请他的人感到十分不解，问道：“你昨天晚上可以去，为什么今天就不能？多一次，少一次还不是一样？”

伏尔泰一听，神秘地说：“噢，伙计，去一次，不失为一个哲学家；去两次，就跟你们同流合污啦。”

第十章 多快乐，笑看成败得失

在生活中，我们应该拥有一颗发现快乐的心，用自己的努力去实现梦想，在实现梦想的路上体会痛苦，体会欢乐，体会人生百味，那么你最终能得到自己想要的快乐。

时常感恩，快乐相随

1620年，一些饱受宗教迫害的清教徒，乘坐“五月花”号船去北美新大陆寻求宗教自由。路途并不顺利，他们在海上颠簸折腾了整整两个月之后，终于在酷寒的十一月，在现在的马萨诸塞州的普里茅斯登陆。

当时，那里天气十分寒冷，他们刚去那里，又没有粮食可吃。因此，半数以上的移民都死于饥饿和传染病。幸存下来的人们生活十分艰辛，他们在第一个春季开始播种。为了生存下来，整个夏天他们都在祈祷上帝保佑并热切地盼望着丰收的到来，因为他们深知秋天的收获决定了他们的生死存亡。也许上帝听到了他们的祈祷声，那年秋天，庄稼获得了大丰收。大家心怀感激，便决定要选一个日子来表达对上帝的感激之情，感恩节由此而来。

上面的故事便是感恩节的由来，当地的人们用自己的方式永远感激上帝的恩赐。这便是一种感恩的心理。有一句话说：“滴水之恩，定当涌泉相报。”是的，感恩是一种宽容和豁达，是一种伟大的情操。只有怀有感恩的心，我们才能让快乐相随，才会生活得更加美好。

有一年，有一个城市闹饥荒，那里的人们到了饥不择食的地步。当时，有一位家庭殷实而且心地善良的面包师看到饥饿的孩子们，便把他们聚集在一起，拿出一个盛有面包的篮子，并对他们说：“这个篮子里的面包你们每人一个。在上帝带来好光景以前，你们每天都可以来拿一个面包。”

那些饥饿的孩子们一听，立即像一窝蜂一样朝那个篮子涌了上去，他们围着篮子推来挤去，大声叫嚷着，谁都想拿到最大的面包。可是，当他们每人都拿到面包后，竟然没有一个人向这位好心的面包师说声谢谢，就头也不回地走了。

这时，面包师意外地注意到一个小女孩，她叫依娃。她既没有与大家一起吵闹，也没有与其他人争抢，只是谦让地站在一步以外，等别的孩子都拿到面包以后，她才把剩在篮子里最小的一个面包拿了起来。

面包师以为她会像其他的孩子那样离去，但出乎他意料的是，小女孩并没有急于离去，不仅向他表示了感谢，还亲吻了他的手之后才向家走去。

第二天，面包师又把盛面包的篮子放在了孩子们的面前，其他孩子依旧如昨日一样疯抢着，羞怯、可怜的依娃仍然是最后一个，只得到一个比头一天还小一半的面包。然而，奇迹发生了。当她回家以后，妈妈切开面包，许多崭新、发亮的银币“唰”的一下掉了下来。妈妈惊奇地叫道：“立即把钱送回去，一定是面包师揉面的时候不小心揉进去的。赶快去，依娃，赶快去！”

当依娃把妈妈的话告诉面包师的时候，面包师面露慈爱地说：“不，我的孩子，这没有错。是我把银币放进小面包里的，我要奖励你。愿你永远保持现在这样一颗平安、感恩的心。回家去吧，告诉你妈妈这些钱是你的了。”小女孩激动地跑回了家，把这个令人兴奋的消息告诉了妈妈，这是她的感恩之心得到的回报。

故事中的小女孩正是因为怀有一颗感恩的心，她才得到了面包师的馈赠。如果她像其他孩子那样，不懂感恩，那么她也只能仅仅得到一块面包，不可能得到银子。从这个故事中，我们明白了一个道理：时刻怀有感恩的心，我们的生活将过得更好。

不管是对亲人、朋友，还是同事等，我们都应该对他们怀有一颗感恩的心。我们的生命、健康、财富以及我们每天享受着的空气、阳光和水源，都应该在我们的感恩之列。

有一个生活贫困的男孩子为了积攒学费，便挨家挨户地推销商品。然而，上天并没有眷顾他，他的推销进行得很不顺利。傍晚时分，他疲惫万分，感到饥饿难耐，几乎想放弃一切。

在这种几乎绝望的情况下，这个男孩子敲开了一扇门，希望主人能给他一杯水。开门的是一位美丽的年轻女子，她笑着递给了他一杯浓浓的热牛奶。男孩和着眼泪把这杯牛奶喝了下去，这杯热牛奶重新使他对人生燃起了希望。在他的不断努力下，许多年后，他成了一位著名的外科大夫。

一天，一位病情严重的妇女被转到了这位著名的外科大夫所在的医院。这位大夫顺利地为妇女做完手术，救了她一命。无意中，这位大夫发现那位妇女正是多年前在他饥寒交迫时给了他一杯热牛奶的年轻女子！于是，他决定悄悄地为她做点儿什么。

当一直为昂贵的手术费发愁的妇女硬着头皮去办理出院手续时，竟意外地发现手术费用单上写着七个字：手术费——一杯牛奶。

故事中的男孩子就是怀有一颗感恩的心，许多年后，他将自己的感激之情回报给了那位美丽的女子。有一句话说："知恩图报，善莫大焉。"所以，我们应该时常用一颗感恩的心来面对生活，坦然接受命运的挑战，勇敢地面对生活中的坎坷，那么我们就会在"山重水复疑无路"时，体会到"柳暗花明又一村"的惊喜。

乔治·考夫曼常常卧病在床，只能靠听收音机来解闷。有一天晚上，电台的点播节目只放了被点播乐曲中的几小节就停止了。剧作家十分气愤，迅速地拿起身边的电话筒，按照节目主持人报给听众的电话号码拨了过去。

接通后，乔治·考夫曼说自己是乔治·考夫曼，主持人一听乔治·考夫曼正在收听自己主持的节目，非常高兴，急忙问道："乔治·考夫曼先生，你想点播什么？我会立刻安排的。"考夫曼回答说："沉默，我点播的是5分钟的沉默。"

大姐，你的心态这么积极，又有那么多人乐意帮助你，难怪领导如此器重你呢……
哈哈，小刘啊，姐对你说，做人要懂得时常感恩才行……

时常感恩，快乐相随

凡事想开，笑容常在

人的一生，不如意事常八九。想得开的人，会适时调整，自省自励；想不开的人，则怨天尤人，陷入无穷无尽的烦恼和苦闷中。其实，人生中很多复杂的问题都应该被简单化，概括成一句话——“开”心是福，“关”心是魔。所谓“开”心是福，就是人在想开的时候，心灵之门是敞开的，什么都看清楚了，心里也就没有任何可惧怕的了，心情也好了起来，一好百好。这时，生命就处于一种开放、旺盛的状态。“关”心是魔，就是指一个人的心灵之门关闭了，“一朝被蛇咬，十年怕井绳”，就觉得这个世界充满了黑暗，一切都看不清了，因而心里充满了焦虑，心情也变得糟糕起来。所以，凡事都看开，笑容就常在。

有一个老太婆，她有两个女儿。大女儿卖冰棍，二女儿卖伞。按理说，这位老太婆应该感到格外高兴，可是，她却一脸愁容。因为每到下雨天，老太婆就为大女儿犯愁，担心她的冰棍卖不出去，不能挣钱；晴天时，她又为二女儿感到难过，怕二女儿卖不出伞，不能糊口。因此，老太婆就这样日复一日地沉浸在担忧中。

有一天，老太婆向一位朋友说起了自己的烦心事。本以为朋友会跟她一样感到忧心，不料，朋友听后大笑起来，说道：“你应该感到高兴啊！”

老太婆十分不解，一脸疑惑地望着那位朋友。朋友看了看他，又接着说：“你看，晴天你大女儿家发财，下雨天你二女儿家发财，这多好啊！”

老太婆一听，豁然开朗。从那以后，无论是晴天还是下雨天，老太婆都过得非常幸福。

很多事情就是这样，只要你换一个角度去看，它就是另一番光景，另一种结局。然而，我们在生活中总是自觉不自觉地成为故事中的老太婆，常常将那扇心灵之窗关起来，整个心都被焦虑充斥。因此，我们应凡事都看开点，不要钻牛角尖，那么快乐就会时刻伴随着我们。

凡事想得开是生活的技巧，是为人处世的哲学。因为想得开，坏事也许会变为好事，失败也许会转为成功，悲怆也许会化作喜悦。如果错过了灿烂的朝霞，那我们还拥有美丽的夕阳；如果失去了甘甜的琼浆，那我们便拥有卧薪尝胆的希望；如果失去了春天动人的鲜花，那我们便能拥有秋天丰硕的果实……想得开，不是不思进取，不求上进，不是贪图安逸，得过且过，而是一切顺其自然。

有一位年轻的企业家，他的事业非常成功，而且家里还有一位温柔贤惠的妻子，有一个活泼可爱的儿子。可是，他还是不满足，仍然觉得上天应该给他更多。

有一天，在妻子的再三恳求下，这位年轻人开着车带妻子和儿子一起到野外去兜风。然而，“天有不测风云，人有旦夕祸福”，在途中，车子出现了意外，悬在了峭壁上。

在这危急关头，企业家霎时明白了什么。在路人的帮助下，他们终于脱险了。

脱险后的企业家好像脱胎换骨了一样，他觉得一切都应该满足了。从那以后，他对妻子、对孩子、对其他所有人都充满了爱心，每一天都过得很开心。

故事中的年轻企业家在拥有一切时，却觉得上天还应该给他更多，以致他对妻子、对孩子都感到不满意。他这样的心理就是一种看不开的心理，如果他能想到那些一无所有的人们，能为自己所拥有的一切感到知足，那么他将拥有更多的快乐。可是，他却看不开，直到遭遇危险的那一刻，他才恍然大悟。

细细体会这个“福”字，我们就会明白，只有经过大难的人才能深知其义，因为大难之后，他便想开了，他的生命状态从一种狭隘的、关闭的状态转化为一种开放的、知足的状态。

黑暗最容易使人滋生恐惧，因为在黑暗中，人什么都看不清，什么都看不清时人就会害怕与焦虑，一旦看清了，心中便充满了光明，也就不害怕了。所以，只要想得开，人生便会充满阳光，笑容也会常常挂在你的脸上。

看生
笑人

萧伯纳送给朋友一部作品。后来，有一次，他在一家旧书摊上发现了这部书，上面还有自己的题字，他觉得心里不是滋味，但是他没有生气，而是当即就把这本书买了下来，重新题字并拿回去再次赠送给那位朋友。

朋友收到这本书的时候，只见扉页上添了这样几个字："萧伯纳再赠。"

放下包袱，轻松自在

有一天，一个小和尚跟师父下山，路途中，遇到一条河，水势汹涌而又澎湃。河边的一位姑娘战战兢兢地望着那条河，久久不敢过去。

师父见此，很好心地问道："姑娘你要过河啊？我背你过去吧！"姑娘伏在老和尚的背上过了河。背过去后，老和尚很坦然地放下姑娘，继续赶路。

然而，小和尚却一直为师父的做法感到迷惑不解，不理解师父怎么做这样的事情，心里极不舒服。走了20里地后，小和尚终于憋不住了，问道："师父，你是出家人，怎么可以背个姑娘过河？"

师父回答："你看，我背她过河就放下了，可你'背'了她20里地，还没放下。"

是的，生活中的我们很多都像小和尚那样，背着包袱前进。可是，人的精力毕竟有限，当你包袱过重时，你将承担不起，更不可能到达成功的彼岸。当然，我们毕竟是凡人，也很难像老和尚那样超脱，但我们可以经常打开行囊，盘点一下哪些是可以扔掉的，哪些是可以当作故事封存起来的。扔掉应该扔掉的，保留应该保留的，这样我们才能轻装上阵，才能轻松自在地生活。

有一个青年背着一个大包裹千里迢迢地跑来找耶稣，见到耶稣后，他很委屈地说："主，我是那样的孤独、痛苦和寂寞，长途跋涉使我疲倦到了极点。我的鞋子破了，荆棘割破了我的双脚；我的手也受伤了，流血不止；我的嗓子因为长久的呼喊而沙哑……为什么我还不能找到心中的阳光？"

耶稣看了看他，问道："你的大包裹里装的是什么？"

青年说："那是我的日记、书信和笔记。它们对我可重要了。里面有我每一次跌倒时的痛苦、每一次受伤后的哭泣、每一次孤寂时的烦恼……靠着它们，我才有勇气走到主您这儿来。"

耶稣听了什么也没说，带着那青年来到河边。在那里，他们坐船，过河，上岸。上岸后，耶稣说："小伙子，你把船也扛上赶路吧！"

"你说什么，扛着船赶路？"青年很惊讶，"船那么沉重，我扛得起来吗？"

"是的，孩子，你扛不起它。"耶稣微微一笑说，"可你知道吗？过河时，船是有用的。但过了河后，我们就要放下船继续赶路。否则，它就会变成我们的包袱。痛苦、孤独、寂寞、灾难、眼泪，这些对人生都是有用的，它们能使生命得到升华，但若缅怀不忘，就会变成人生的包袱。放下它们吧！孩子，生命不能负重太多。”

青年人霎时明白了什么，于是放下包袱，继续前行。那时，他发觉自己的步伐变得轻松起来，心情也变得开朗和愉悦。原来，生命是可以不必如此沉重的。

故事中的耶稣让青年人明白了一个道理：生命不能负重太多，轻装上阵，才能轻松自在。我们虽然没有像青年人那样背负“大包袱”赶路，但是，我们的心里多少都会留下一些无法磨灭的记忆。因此，当我们不开心的时候，这些“痛苦、孤独、寂寞、灾难、眼泪”都会一一浮现，它们仿佛具备“自动复制”的功能一样，重新“贴在”我们的心里。

计算机和电话机中都有一个指令叫“删除”，它主要是帮助我们清理、扫除旧数据和旧档案的。可是，很多人却舍不得使用这项功能，因为他们不想把过往的事情和记录送往“垃圾桶”。

生命不能负荷太多，盘点一下自己的行囊吧！放下应该放下的行囊，也许你会说我也知道应该放下，但有些行囊就是放不下。其实，放不下的行囊中无非也就三种东西，失去的（过去）、得不到的（不该属于自己的）和当下的（即将发生或正在发生的）。失去的，能扔的就扔了，实在扔不了的就当作故事储存起来；得不到的，那就做一个好观众，给人以祝福、给事或物以关注；当下的，我们就要好好把握，珍惜身边的亲人、朋友……

只有放下过多的包袱，我们才能轻装上阵，才能走得更远，才可能到达成功的彼岸。

有一个铁匠打了两把宝剑，两把宝剑刚刚出炉时，它们一模一样，又笨又钝。铁匠看了看新出炉的两把宝剑，便想把它们磨快一些。但是，其中一把宝剑说："我身上的这些钢铁都来之不易，还是不磨为妙。"

铁匠于是就去磨另一把剑，这把剑在他长时间的磨砺下，很快就成了一把闪闪发光的宝剑。铁匠把两把剑都挂在店铺里。不一会儿就有顾客上门，这个顾客一眼就看上了磨好的那一把，因为它锋利、轻巧、好用。而钝的那一把，虽然钢铁多一些，重量重一些，但无法把它当宝剑用，最多只是一块剑形的钢铁而已。

人生亦如此，人生的目的不是面面俱到，不是多多益善，而是把已经掌握的东西得心应手地去应用，跟宝剑一样，剑刃越薄越好。那些多余的东西，无论是多余的财富，还是多余的享乐，都像剑刃上的钢屑，应该毫不吝惜地抹掉。

放下忧郁、悲伤、迷茫等沉重的包袱，微笑着面对眼前的世界。不要沉浸在忧伤的世界里，放大痛苦，忽略幸福的所在。我们总在抱怨世界给我们的太少，让我们承担的太多，其实很多负担都是自己强加给自己的。放下包袱，解脱自我，拥抱完美的人生吧。

人生是一个接受挑战的大舞台，放下忧郁、悲伤、迷茫等沉重的包袱，微笑着面对眼前美好的世界，不要沉浸在忧伤世界里而忽略了幸福的所在。

人生有很多的不完美，也有很多的缺憾，在追求幸福的途中，我们要放下包袱。人活着，是要爱惜自己的，如果一个人连自己都不爱惜，那么他还有什么资格去谈及幸福与快乐？爱惜自己就要放松自己，放下包袱，一步步向幸福、快乐靠近。

放下包袱，轻装上路，美好的人生就会向我们招手。

德国作家台奥多尔·冯达诺在柏林当编辑时，一次收到一个青年作者寄来的几首没有标点的诗，附信中说："我对标点向来是不在乎的，如用时，请您自己填上。"

冯达诺很快将稿退回，并附信说："我对诗向来是不在乎的，下次请您只寄标点来，诗由我填好了。"

不为难自己就快乐

心理学上有一种“漏掉的瓦片效应”，它讲的就是房顶上铺满了密密麻麻的瓦片，但有的人在看房顶时，不是看那些铺得很好很整齐的瓦片，而是专看那一块铺漏了的瓦片。这种效应就是专门用来比喻那些凡事专挑自己的缺点，总是爱为难自己的人。

有人可能会说，谁会为难自己呢？为什么要跟自己过不去呢？事实上，自己为难自己的人很多。比如，一个本来喜欢稳定生活的人，看到别人从商赚了钱，便逼着自己也出去硬闯；一位在家务农的农民却羡慕在浪尖上拼搏的渔民等。总之，生活中的很多人总是喜欢跟别人作比较，拿自己没有做成的事与别人做成的事作比较，拿自己没有的东西与别人拥有的东西比较。这就好比一个人总是拿自己的缺点与别人的优点作比较一样，如此一来，自然信心全无，这样的人又怎么会快乐起来呢？所以，要记住，千万不要为难自己，不要跟自己过不去。

从前，有一个渔夫，他是出海打鱼的高手。但是，他却有一个很不好的习惯，就是喜欢发誓，即使誓言不切实际，他也死不回头。

有一年春天，渔夫听说市面上的墨鱼价格很高，于是就立下誓言：这次出海只捞墨鱼。然而，上天好像有意捉弄他似的，他这次打鱼遇到的全是螃蟹。他没有打捞螃蟹，只好空手而归。

上岸后，他来到市场上一看才知道，现在市面上螃蟹的价格最高。渔夫因此后悔不已，狠狠地发誓下次出海一定只打螃蟹。

第二次出海，渔夫便把注意力都集中在螃蟹上。但是让他懊恼的是，他这次没有碰到螃蟹，反而全是墨鱼，他只好再次空手而归。

然而，他上岸后才发现，无论是螃蟹还是墨鱼，价格都非常高。晚上，渔夫躺在床上，心里懊悔不已。于是，他又立下誓言：下一次出海不管是遇到螃蟹还是墨鱼，他都捞起来。然而，第三次出海，他遇到的全是海蜇，没有遇到墨鱼和螃蟹。因此，渔夫再次空手而归。

故事中的渔夫就是自己为难自己的一个典型例子，作为一名渔夫怎么可能给自己设定那样固定的目标呢？但故事中的渔夫就是如此。世事变幻无常，为什么不顺其自然，非要钻牛角尖呢？其实，生活中的我们就像渔夫那样，给自己设定一个圈子，然后就一直在那个圈子里转，怎么也走不出来。也许有些人会说，那是给自己设定的一个目标，设定目标没错，但设定达不到的目标就是为难自己、苛求自己了。

禅院里一片荒芜，杂草稀稀疏疏的。一天，老和尚见此，便去集市买了一袋草籽回来，交给小和尚说："你自己选个地方撒种去吧。"

小和尚乐滋滋地拔掉那些杂草，小心翼翼地把草籽撒在选中的地上，望着那撒有种子的土地，他的眼前仿佛出现了一片绿油油的草地，蜂飞蝶舞。

然而，就在这时，突然刮起了一阵风。小和尚见此，立即跑去告诉师父："不好啦！师父，草籽都被风吹走了！"

老和尚很镇静地回答道："慌什么，随它去吧！被风吹走的都是瘪的、空的，没关系。"

小和尚听了师父的话，便静了下来。可是，不一会儿，很多麻雀飞来了，在土地上空盘旋。小和尚见此，又大叫道："不好啦，师父！麻雀把咱们的草籽都吃了！"

师父回答道："慌什么，随它去吧！反正草籽多，鸟是吃不净的，肯定还能剩下好多的，没关系。"

小和尚撇了撇嘴，不再吭声。没过一会儿，天空下起了雨。小和尚又急起来了，急忙跑到师父那里去，大声叫道："这下子完蛋了，师父！大雨把咱们的草籽都冲走了！"

师父还是那样回答道："慌什么，随它去吧！雨冲到哪儿，草籽就在哪儿发芽的，没关系。"

小和尚这下非常生气，心里暗自想：怎么碰上这么个"随它去吧""没关系"的师父呢？然而，让小和尚没想到的是，第二年春天，禅院里居然到处长满了绿油油的小草。

这时，老和尚摸着小和尚的头，意味深长地说："你看是不是这样子啊？”小和尚不好意思地低下了头。

“别难为自己”是一句简单的话，却包含着太多的哲理。睁开眼睛，看看身边的朋友，他们经常为了票子、房子、车子而愁眉不展，苍老了一颗年轻的心。别难为自己，得失随缘，那样，我们会生活得更好，会过得更加愉快！

著名科学家爱因斯坦非常推崇卓别林的电影。一次，他在给卓别林的一封信中写道：“你的电影《摩登时代》，世界上的每一个人都能看懂。你一定会成为一个伟人。爱因斯坦。”

卓别林在回信中写道：“我更加钦佩你，你的相对论世界上没有人能弄懂，但是你已经成为一个伟人了。卓别林。”

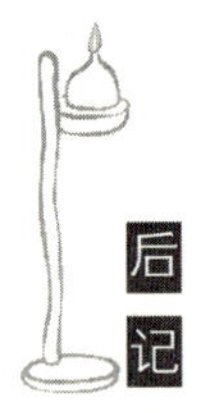

后记

每一部著作的完成都离不开多人的努力和艰苦而可贵的劳动。阅读是一种享受，写作这样一本书的过程更是一种享受。

本书在策划和写作过程中，得到了许多同行的关怀与帮助，及许多老师的大力支持，在此向他们致以诚挚的谢意：于海州、刘杨、李月玲、周成功、卫海霞、王丽娟、刘蕾、桓浩然、代滢、陈小立、张春孝、侯艳燕等。

本书在编篡过程中，参考了大量的文献和作品，也借鉴了其他人智慧的精华。在此谨向各位专家、学者致以真挚的谢忱。因为编写和出版时间仓促，以及编者水平所限，书外不足之处在所难免，诚请广大读者批判指正。

系列书目

第一系列

《正能量》

风靡全球、各界成功人士极力推崇的人生理念。
坚持正能量，人生便无所畏惧！
排除负面情绪，唤醒潜在正能量，做最优秀的自己！

《自控力》

亿万精英人士取得成功的法则与工具。
有自控力的人左右生活，没有自控力的人被生活左右。
全面掌控情绪、欲望和压力，告别焦虑、战胜拖延、远离负能量！

《九型人格》

备受国际著名大学MBA学员推崇的热门课程。
只有熟知九型人格，看清自己、读懂他人的内心世界，
最大限度地发挥自己的性格优势，才能超越自我，影响他人。

《吸引力法则》

各界成功人士都在运用的秘密法则。
掌握吸引力法则是创造梦想人生的关键。
修炼强大的吸引力，实现人生的华丽蜕变！

《人生是设计出来的》

全球成功人士一致推崇的自我经营理念。
人生规划要趁早，没有人生计划的人注定会走向平庸！
做好人生设计方案，实现从平凡到非凡的转变！

系列书目

第二系列

《感谢折磨你的人》

人生总有这样那样的磨难，一味抱怨只会让情况更糟。
化解磨难，感恩磨难，才能实现自我超越。

《再苦也要笑一笑》

人生没有过不去的坎，只有不肯快乐的心。
笑对人生是一种超然的心态，
生活再苦再难，也要笑着过下去。

《心态比黄金更重要》

积极的心态虽然不能改变你的出身，却能帮你蜕变成更好的自己。
如果要改变人生，首先就要改变心态。

《淡定的人生最幸福》

人生难免有起伏，前路难免有波折，
只有做到泰然处之，淡定行事，才能收获持久的幸福。

《舍与得的人生经营课》

不要斤斤计较，无所不要；不要抛弃一切，远离尘世。
拿得起，放得下，成功会来，幸福也在。

读者回函卡 Reply card reader

感谢您购买和阅读“励志金书”系列图书，欢迎您加入我们的读者俱乐部。为了进一步了解您的需要和改善我们的服务，请您详细填写如下资料并寄回，我们将定期向您推送最新的图书出版资讯，您还将有机会获得我们赠送给您的新书。

姓　名____________

性　别　□ 男 □ 女

年　龄　□ 20岁及以下 □ 21–30岁 □ 31–40岁 □ 41–50岁 □ 50岁以上

地　址____________________________________

邮　编____________

手　机____________电子邮箱______________________

学　历　□ 初中 □ 高中 □ 专科 □ 本科 □ 硕士 □ 硕士以上

职业类别　□ IT业 □ 财会/金融/保险 □ 制造/贸易 □ 医疗/医药 □ 媒体 □ 房地产/建筑 □ 教育/培训 □ 政府/服务 □ 销售 □ 学生 □ 其他____________

月收入　□ 2000元及以下 □ 2001–3000元 □ 3001–5000元 □ 5001–10000元 □ 10000元以上

您从何种渠道获知本书消息?

□ 书店 □ 报刊杂志 □ 广播电视 □ 网络 □ 移动媒体 □ 其他

您购买的图书书名? __________________________

您为何购买本书? ____________________________

您对哪类图书感兴趣? □ 哲学宗教 □ 历史文化 □ 心理自助 □ 生活百科 □ 经济管理 □ 个人理财 □ 员工培训 □ 其他____________

关注最新出版信息，请登录公司网站：www.huaxiabooks.com
您对我们有何建议，也欢迎您登录微博、微信与我们互动：
新浪微博@华夏盛轩图书、微信公众号 huaxiashengxuan
邮寄地址：北京市丰台区方庄芳群园三区三号楼711室（邮编100078）

年轻是金

经验是金

成长是金